水上溢油

风险分析与应急能力规划理论和实践

程金香　徐洪磊　等 / 编著

Theory and Practice of Risk Analysis and Emergency Capacity Planning for

Oil Spills on Water

中国环境出版集团 · 北京

图书在版编目 (CIP) 数据

水上溢油风险分析与应急能力规划理论和实践 / 程金香等编著 . —北京：中国环境出版集团，2022.9

ISBN 978-7-5111-5192-6

Ⅰ. ①水… Ⅱ. ①程… Ⅲ. ①海上溢油—风险管理—研究 Ⅳ. ① X55

中国版本图书馆 CIP 数据核字（2022）第 110409 号

审图号：GS（2021）2989 号

出 版 人 武德凯
责任编辑 宋慧敏
责任校对 薄军霞
封面设计 宋 瑞

出版发行 中国环境出版集团
（100062 北京市东城区广渠门内大街 16 号）
网 址：http://www.cesp.com.cn
电子邮箱：bjgl@cesp.com.cn
联系电话：010-67112765（编辑管理部）
发行热线：010-67125803，010-67113405（传真）

印 刷 北京中科印刷有限公司
经 销 各地新华书店
版 次 2022 年 9 月第 1 版
印 次 2022 年 9 月第 1 次印刷
开 本 787 × 1092 1/16
印 张 14
字 数 255 千字
定 价 78.00 元

编著委员会

主　编

程金香　徐洪磊

副主编

张利国　韩兆兴　田荣洁

编　委

毛　宁　吕金鹏　汪守东　朱高儒

林　晶　郑超蕙　谢泓毅

前　言

水上溢油事故不仅会给水域环境和生态系统带来灾难性破坏，还会对沿岸城市、工业、水产、旅游、航运等造成巨大冲击，严重影响区域人民生活质量、人群健康和社会经济的发展。随着我国海洋强国战略、交通强国战略的推进实施，未来海上石油开采、船舶运输作业和岸上储油设施建设等活动日益频繁，水上溢油事故的风险与日俱增。因此，要实现海洋经济、生态环境和人类社会的协调发展，需分析水上或岸边活动导致的溢油风险，合理规划应急能力建设，以应对可能发生的污染事故，对保障我国海洋和内河水域环境安全意义重大。

水上溢油风险分析与应急能力规划是系统的风险管理理论研究。水上溢油风险分析是指对某一区域或与某一项目相关的水上溢油事故概率大小及事故造成的环境损害或经济损失等危害后果进行评估，是开展水上溢油应急能力建设规划的重要基础；应急能力评估是指通过评估既有溢油应急反应措施的有效性和充分性，对现有溢油应急能力的合理定位；应急能力规划是指为了进一步降低溢油事故概率和危害后果，减少灾难损失，基于现有和未来溢油风险水平，识别现有应急能力缺口，开展应急能力规划建设研究，改善应急响应行动的效果。为此，开展溢油风险分析、应急能力评估和应急能力规划的理论方法研究是对船舶污染风险精准施策的体现，建立一套完善的水上溢油风险分析与应急能力规划理论技术体系显得尤为重要。

本书编著团队多年来一直从事与溢油风险分析、溢油应急能力评估和溢油应急能力规划有关的研究工作，在基础理论研究和技术方法层面开展了大量的研究工作，并将学术研究成果用于实践，开展了不同空间尺度及多种项目类型的研究和实践，在理论与实践方面都有不同的创新突破。在研究空间尺度上，包括全国性、区域性、港区港口和码头工程水域；在研究项目类型上，承担了技术标准规范、应急能力建设规划、溢油应急设备库工程咨询与设计、港口（区）规划环评与风险评价等四种类型业务。现将有关研究内容和成果编著成书。本书内容涉及水上溢油风险分析与应急能力规划理论研究、技术方法研究和案例研究等方面，解决三个层面的问题：溢油风险空间分布的定量准确分析、溢油应急能力的合理评估以及溢油应急能力建设的科学规划。本书内容共分为 11 章：第 1 章阐述了溢油概念，介绍了溢油事故情况及典型案例，概述了溢油行为与归宿、溢油危害和溢油的主要来源；第 2 章说明了溢油风险分析的概念，介绍了溢油风险分析的总体框架以及溢油风险分析中的规模、概率、后果、结果分析应用等；第 3 章提出了基于空间单元的高时空分辨率溢油风险分析方法；第 4 章进行溢油风险分析方法的案例应用研究，包括我国内河水域、沿海水域、区域性海区以及全国沿海水域等；第 5 章阐述了溢油应急能力的概念和组成，及其在国内外的研究进展；第 6 章提出了基于层次分析的内河区域性溢油、沿海溢油应急能力评估方法；第 7 章说明了基于层次分析的溢油应急能力综合评估方法的案例应用研究，包括内河区域和沿海区域；第 8 章提出了基于空间布局的溢油应急能力规划方法，构建了基于风险空间分布的溢油应急能力优化模型；第 9 章说明了基于空间布局的溢油应急能力规划方法的案例应用研究；第 10 章阐述了溢油应急信息系统建设现状，进行了应急能力规划多目标决策平台设计；第 11 章介绍了本书所提方法的实践应用意义，并对溢油风险分析技术和规划模型的未来发展趋势作出探讨和展望。

本书中既有技术原理、模型公式的详细阐述，也有案例应用的经验总结，实用性和可读性较强，具有较高的学习和参考价值，是水上溢油应急领域一项阶段性创新技术成果和重要技术文献，是编著组集体智慧的结晶，可为水上溢油应急分析、溢油应急管理及相关领域技术工作提供有益参考。本书适用于从事溢油应急工作的管理人员、技术人员，以及国内外相关研究领域的专家学者、中高等院校学生等。

本书编著者在编著过程中参考了较多溢油应急和相关应急管理方面的文献和著作，引用了国内外许多专家学者的研究成果，在此向有关作者致以感谢。本书部分研究内容来自国家重点研发计划项目“澜沧江－湄公河流域溢油突发环境事件应急与风险管控联合研究”（2020YFE0201500）、“国家重大海上溢油应急能力建设规划研究”等项目。

限于我们的学术水平，本书尚存在一些不足和疏漏之处，请广大读者批评指正。

编著者

2022 年 6 月

目 录

第 1 章 溢油事故概述

1.1 溢油事故

1.1.1 溢油事故概念

《中华人民共和国海洋环境保护法》和《1990 年国际油污防备、反应和合作公约》（以下简称《OPRC 公约》）等未对“溢油”作出明确定义。根据《OPRC 公约》中第 2 条对“油”的定义（任何形式的石油，包括原油、燃料油、油泥、油渣和炼制产品），本书涉及的“溢油”可定义为：在海洋石油开采、海上油品过驳或运输、沿海油品储存及炼制过程中，由于意外事故或操作失误，造成货油或燃油从作业现场或储器里外泄，并入水形成薄厚不等的油膜的过程。

《OPRC 公约》认为溢油来源主要有“船舶”“近海装置”“海港和油装卸设施”三类。其中“船舶”指在海洋环境中营运的任何类型的船舶，包括水翼船、气垫船、潜水器和任何类型的浮动艇筏；“近海装置”指从事气或石油的勘探、开发或生产活动或装卸运输的任何固定或浮动的近海装置；“海港和油装卸设施”指海港、油码头、管道和其他装卸油的设施。该公约没有明确将海底输油管线作为溢油来源。由于近年来随着我国海洋石油产业的快速发展，海底输油管线的建设规模不断扩大，同时受紊流、腐蚀等因素影响，因此海底输油管线存在一定的溢油风险。为此，本书在《OPRC 公约》规定的三类溢油来源基础上，增加海底输油管线作为溢油来源之一。

《OPRC 公约》认为“油污事故”指同一起源的一起或一系列造成或可能造成油的排放，对海洋环境或对一个或多个国家的海岸线或有关利益方构成或可能构成威胁，需要采取应急行动或其他迅速响应措施的事故。《防治船舶污染海洋环境管理条例》中明确“船舶污染事故”指船舶及其有关作业活动发生油类、油性混合物和其他有毒有害物质泄漏造成的海洋环境污染事故。《水上溢油环境风险评估技术导则》（JT/T 1143—2017）明确“水上溢油事故”指船舶、港口、码头、装卸站因违反环境保护法规的行为，以及意外因素的影响或不可抗拒的自然灾害等原因导致油类物质、油类混合物泄漏入水造成的环境污染事故。

综上所述，本书涉及的“溢油事故”可定义为：在海洋石油开采、海上油品运输或过驳、沿海油品储存及炼制过程中，由于意外事故或操作失误，发生货油或燃油从作业现场或储器里外泄造成的水域环境污染事故。

1.1.2 溢油事故概况

由于石油资源在世界上分布和消费的不均衡性，以及航运的相对廉价等特点，有 65% 的世界石油流通是通过海上运输来完成的。海上石油开发、运输及储存在能源产业中占有重要地位，影响着全球经济和各国人民的生活。然而，由于油品的易燃、易爆等特性，石油及制品在生产、运输及储存过程中由于自然灾害或人为的因素，稍有不慎就可能造成钻井平台、船舶和近岸油品储运设施发生溢油事故，导致环境污染事故时有发生，同时也使海洋环境面临严峻考验。常见的事故性溢油主要有海上钻井平台油品生产开采事故，船舶发生碰撞、触礁或倾覆事故，近岸储运设施发生火灾、爆炸事故和海底或近岸管道腐蚀、破裂等。

1.1.2.1 全球溢油事故

从 1970 年起，随着全球石油工业的不断发展，石油贸易量稳步增长，油品开发、运输及储存规模持续增加，由此导致的溢油风险不断上升。在这种形势下，石油业和航运业均出台了一系列风险管控举措，如提升钻井技术、逐步淘汰单壳油船、改善船舶航行条件、提高航运管理水平、加大惩罚力度等。在各行业的共同努力下，近年来全球船舶溢油事故数量整体呈下降趋势。

溢油事故规模与油品储存容器的容量有关。海上石油钻井平台连接着油井，与船舶、管线和储罐溢油事故相比，平台溢油事故规模最大，造成的危害也最严重。据不完全统计，1970—2019 年，全球发生过的石油平台重大溢油事故多达数十起，单次事故（即海湾战争期间科威特发生的瓦夫腊油田爆炸事故）导致泄漏入海的溢油量多达 150 万 t。

历史上发生过的储罐火灾、爆炸等安全事故很多，但是因储罐爆炸事故导致油品泄漏入海的事故并不多见。1970—2019 年，全球发生过的重大储罐溢油事故不超过 10 起，历史上泄漏量最大的储罐爆炸所致海上溢油事故是 2010 年我国大连新港溢油事故。

管线溢油事故的规模由管线的长度和管径决定。随着管线防泄漏检测预警技术的发展，目前大部分输油管线已经实现管道压力变化后自动关闭阀门的功能。但是，也存在因为爆炸事故损害阀门导致后方储罐油品泄漏的情况，如 2013 年 11 月 22 日发生在我国青岛的黄岛输油管道爆炸事故，该事故导致的海域污染面积约为 0.003 km^2。据不完全统计，1970—2019 年，全球因管道泄漏导致的水上溢油事故达十余起，溢油量差异较大，在数十吨到数万吨之间。历史上溢油量最大的管道所致水上溢油事故是 1994 年俄罗斯科尔瓦河溢油事故，由于管道腐蚀引起油品泄漏，造成 8 400 万 gal ①（约 25 万 t）油品进入科尔瓦河。

由于航运业的快速发展，海上油品运输活动日益频繁。与其他溢油事故相比，船舶溢油事故的发生频率最高。国际油轮船东防污染联合会（ITOPF）对 1970—2019 年溢油量超过 7 t 的溢油事故数量进行了统计（如图 1-1 所示）。据统计，1970 年以来，7 t 以上溢油事故数量总体呈下降趋势。2010—2019 年，全世界范围内平均每年发生 8 t 以上船舶溢油事故约 6.2 起，是 20 世纪 70 年代年均次数的 1/13。54% 的大规模溢油事故发生在 20 世纪 70 年代，逐步下降，至 21 世纪初这一比例下降为 8%。其中，700 t 以上大型船舶溢油事故数量已经下降至年均 1.8 起，与 20 世纪 70 年代末相比，下降了 90%。近十年 700 t 以上大型船舶溢油事故数量已经下降至 19 起，所占比例也从 20 世纪 70 年代的 52% 下降至 4%。

---

① 1 gal（US）=3.785 43 L。

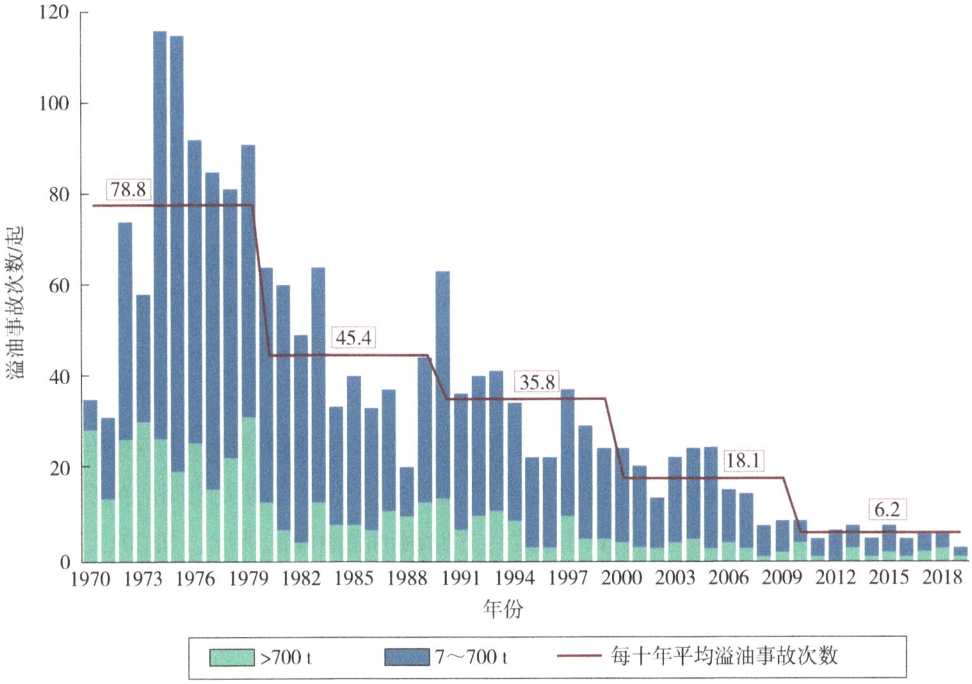

图 1-1　1970—2019 年船舶溢油事故数量分析（7 t 以上）

图片来源：ITOPF 网站

从 1970—2019 年船舶溢油事故发生地点规律可以看出，美国西海岸、巴拿马运河、卡特加特海峡、地中海、马六甲海峡以及中国沿海都是船舶溢油事故高发地。从事故单次规模的情况可以看出，近年来船舶溢油量总体也呈现出下降的趋势，但是溢油量在 1 万 t 以上的重大溢油风险仍然存在。

对船舶溢油事故发生原因的分析结果表明，1970—2019 年，69% 以上的 7～700 t 中型溢油事故的主要原因是碰撞、搁浅和船体破损。65% 以上的 700 t 以上大型船舶溢油事故发生的原因是碰撞和搁浅。

1.1.2.2　我国溢油事故

1973—2019 年，全国沿海共发生溢油量 50 t 以上的溢油事故 102 起，平均每年发生 2.17 起（如图 1-2 所示）；总溢油量达 85 470 t，平均每年溢油 1 819 t，单次溢油 838 t（如表 1-1 所示）。在船舶、储罐、管道和海上石油平台四类海上溢油事故风险源中，船舶溢油事故发生次数最多，占总数的 92%。储罐溢油事故的单次溢油量最大，约为 13 610 t。溢油量 1 000 t 以上的重大海上溢油事故 10 起，占事故总数的 9.8%，平均 4.7 年发生 1 起。

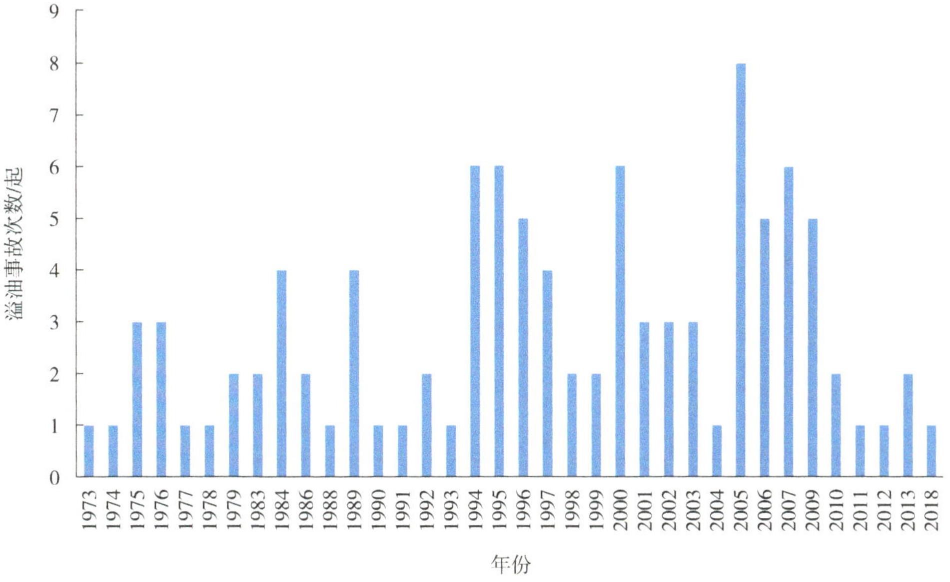

图 1-2　1973—2019 年全国沿海 50 t 以上溢油事故统计直方图

表 1-1　1973—2019 年全国沿海 50 t 以上溢油事故统计

类型	事故次数 / 起	占同规模事故的比例 /%	事故频率 /（起 /a）	溢油量 /t	年均溢油量 /t	单次事故溢油量 /t
船舶	94	92.00	2.00	40 890	870	435
1 000 t 以上	7	70.00	0.15	16 533	352	2 362
储罐	3	3.00	0.06	40 830	869	13 610
1 000 t 以上	1	10.00	0.02	40 000	851	40 000
管道	4	4.00	0.09	2 250	48	563
1 000 t 以上	1	10.00	0.02	1 500	32	1 500
平台	1	1.00	0.02	1 500	32	1 500
1 000 t 以上	1	10.00	0.02	1 500	32	1 500
合计	102	100.00	2.17	85 470	1 819	838
1 000 t 以上	10	100.00	0.21	59 533	1 267	5 953

近年来，事故数量总体呈上升趋势，事故溢油量总体呈下降趋势。1973—2019 年，我国已发生的溢油历史事故中有 5% 的溢油事故规模超过 1 922 t，2% 的溢油事故规模超过 3 343 t（如图 1-3 所示）。

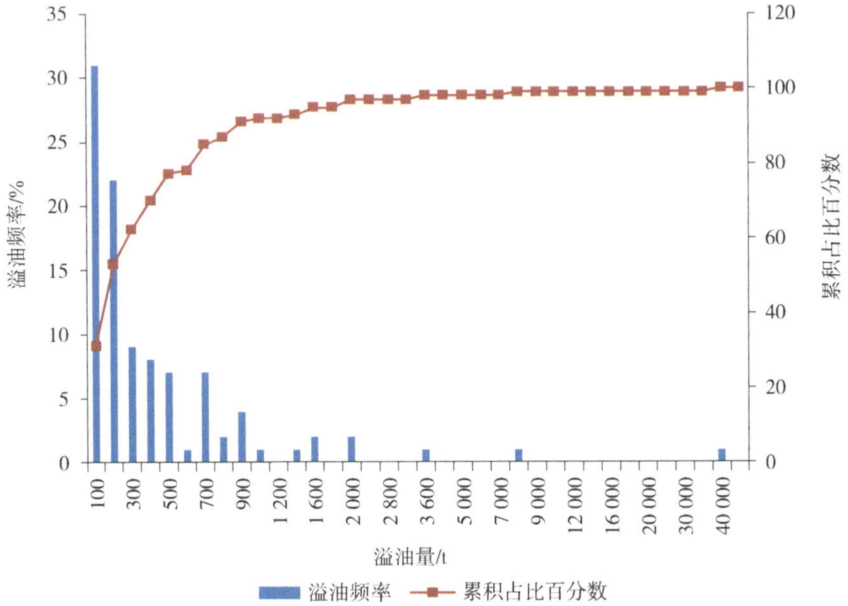

图 1-3 溢油量 - 溢油频率直方图及概率累积曲线

1.2 溢油事故发生的典型案例

结合前文对全球及我国溢油事故的统计分析，本节重点针对船舶、海上钻井平台、岸上储油设施以及海底输油管线等四类典型水上溢油类型案例，说明溢油发生机理特点以及溢油事故的影响。

1.2.1 船舶溢油事故

船舶溢油事故是指在船舶航行或加油等作业过程中，恶劣气象条件或人为操作不当等原因导致船舶发生碰撞、搁浅等，造成货油或燃料油泄漏入水。从事故类型上看，船舶溢油一般分为海难性溢油事故和操作性溢油事故。海难性溢油事故一般指船舶发生碰撞、搁浅、火灾爆炸、恶劣风浪条件下船舶翻沉或结构断裂等造成货油或燃料油大量泄漏入水的突发性溢油事故，事故多发生在进港航道或过境航道等公共海域，具有溢油量大、影响范围广、处置难度高等特点。操作性溢油事故指船舶在加油过程中由于管道、阀门等设备质量因素或人为操作不当，造成输油臂断裂或破损，导致燃料油泄漏入水，事故多发生在码头或近岸海域，溢油量和影响范围相对较小。

ITOPF 发布的统计数据显示：海难性溢油事故多发生于开放水域的在航船舶，影响因素较为复杂；操作性溢油事故多发生在港口和码头作业时，港区内一般设有专门的应急资源库，应急救援难度相对较小。1970—2019 年，有 50% 的大型溢油事故发生在船舶航行于开阔水域时，其中碰撞和搁浅占这些溢油事故原因的 58%；当船舶航行于内陆水域或受限制水域时，同样原因造成的溢油事故比例甚至更高（99%）。

1.2.1.1 “桑吉”号轮溢油事故

2018 年 1 月 6 日约 19 时 50 分，巴拿马籍油轮“桑吉”号与中国香港籍散货船“长峰水晶”号在上海辖区长江口以东约 160 n mile 处发生碰撞，导致油轮全船失火，32 名船员失联，散货船“长峰水晶”号有破损，21 名船员被安全救起。1 月 14 日中午，燃烧了 8 天的“桑吉”号轮突然发生爆燃，全船剧烈燃烧，火焰达到 200 m 以上；15 时许，船体整体没入水中（北纬 28° 21′ 48″，东经 125° 57′ 55″），沉没点水深约 115 m。1 月 22 日，国家海洋局监测到溢油面积约为 332 km^2。

Marine Traffic 数据显示：“桑吉”号轮最大载重量为 164 154 t，事发时航速为 12.4 n mile/h，吃水为 13.4 m，装载了约 11.13 万 t 凝析油（凝析油又称天然汽油，易燃、易挥发；目前没有有效办法扑灭此类海上船舶火灾）；“长峰水晶”号散货船的船长为 225 m，型宽为 32.26 m，设计最大载重量为 75 725 t，事发时装载了约 6.4 万 t 粮食，吃水为 14 m，航速为 6.5 n mile/h。两船相向航行，均处于较高载重状态。根据中央电视台新闻报道，事故为“长峰水晶”号船艏与“桑吉”号轮右舷相撞，造成“长峰水晶”号船艏受损和“桑吉”号轮右舷第 1 货油舱、第 2 货油舱和第 3 货油舱受损，破舱导致凝析油泄漏、引起大火，船体右倾。

2018 年 1 月 28 日下午至 29 日上午，监测船舶在巴拿马籍“桑吉”号轮沉没现场监视监测，未发现明显海面油膜。工作人员在沉船点周边海域共采集了 15 个站位的水样。监测结果显示：海水中石油类物质含量均低于 50 g/L。沉船海域海水水质符合《海水水质标准》（GB 3097—1997）第一类标准。

“桑吉”号轮事故导致的油品泄漏及燃烧给大气环境、海洋生态环境带来了危害。凝析油是轻组分，泄漏后先浮于水面，经过燃烧（加热），产生大量氮氧化物、硫氧化物等有毒烟雾，并随燃烧热流向上传递，对周边空气也会产生较大影响，在烟雾灰尘沉积和雨水冲洗下落后，带来二次危害。船体沉没后，船中的油料在海底缓慢泄漏，同时由于凝析油无色无味，容易被海水吸收；油污在漂移过程中，不仅会横向扩散形成油面，还会纵向下沉形成沉积，从而对海洋浅层和深层水体均造成污染，导致后续污染环境治理难度加大，进一步破坏海洋生态系统的结构和功能。

“桑吉”号轮事故是自 2002 年希腊“威望”号油船泄漏事故以来，全球最严重的油船海上泄漏事故之一。历史上让人记忆犹新的油轮火灾事故还有“大西洋女皇”号事故、“贝利韦尔城堡”号事故和“ABT 夏日”号事故等。分析这些事故可以发现：随着现代船舶抗沉性设计水平的提高，由于事故造成油船结构受损而直接沉没的概率降低，但往往会引发大火；相较于事故导致的结构一次性破坏，火灾的作用范围更广、持续时间更长；持续数日的火灾将导致船体结构强度下降，最终引起油船整体破坏而发生沉没。

1.2.1.2 “12 · 7”珠江口漏油事故

2004 年 12 月 7 日，船长为 182 m 的巴拿马籍集装箱船“现代促进”轮由深圳盐田港驶往新加坡途中，在珠江口担杆岛东北约 11 n mile 处，与由深圳赤湾驶往上海的、船长为 300 m 的德国籍集装箱船“MSC 伊伦娜”轮发生碰撞。两船均有破损，其中“MSC 伊伦娜”轮有一个燃油舱严重破损，船舷撕开了一个 10 m 多高的破口。船体破裂之后，船用燃油开始不断地向外泄漏，约 1 200 t 油品泄漏，继而在海面形成了长约 9 n mile（约 16.5 km）、宽 200 m 的油带，另外还在碰撞点以西 120 n mile 处发现了一条长 600 m、宽 50 m 的油污带。

事故发生后，原交通部副部长、中国海事局局长徐祖远亲自担任“12 · 7”船舶碰撞溢油事故领导小组组长并指挥了清污行动，采用科学的方法，动员一切力量进行清污；监视、预测溢油可能漂移的方向和位置，有效地阻断了油污向岛屿漂移的路径；组织有关方面的专家研究油污清除方案，将该次污染的危害降到最小。现场清污以交通部力量为主，动员一切可以参加清污的社会力量，统筹考虑，统一指挥，发挥最大效力。据统计，事故指挥中心共出动飞机 6 架次对溢油进行监控，出动各类清污船、渔船百余艘次及清污专业人员数百人，投入了收油机、消油剂、吸油毡、吸油拖栏、吸油粉等大批物资，回收油垃圾 138 t、油污水 262 t。

在溢油发生后，大部分溢油浮于水面并扩散成油膜，担杆列岛东南面海域水中的浮游植物受污染影响较大，多数浮游植物死亡。由于溢油为重质燃料油，所以溢油除了一部分漂浮在水中外，还有少量石油重组分向下沉。担杆列岛附近海域的水深大多是 1 m，水深较浅，一些石油会沉到海底，导致水环境和底质中石油烃含量增加，从而对底栖生物有较大的影响。由于受北风和东北风的影响，油膜先往南漂移，然后再向西南方向移动，溢油 72 h 后的影响面积约为 65 km^2。溢油没有抵岸，因此其对溢油事故点附近的担杆列岛和佳蓬列岛上的生物影响较小。

“12・7”船舶碰撞溢油事故是历史上珠江口最大的船舶碰撞溢油事故和海洋石油污染事故，造成了珠江口海域污染。形成的巨大油污带不仅影响到和它相近的海面浅水区和海岸带，还会通过食物链把危害扩大到包括深海在内的整个海洋生态系统。“12・7”珠江口溢油事故发生及影响区域为环境非常敏感的区域，溢油点往北约 10 km 是香港水域，到中华白海豚自然保护区和海水养殖区也只有 10 km，距离担杆列岛和岛上的自然珍稀动物养殖区 16 km，而且溢油点附近还有 1 个幼鱼养殖区，一旦油污没有得到清除，将会对海洋环境和水产养殖业造成很大的影响。

1.2.1.3　“威望”号事故

2002 年 11 月 13 日，装有 7.7 万 t 重质燃料油、船长 243 m 的巴哈马籍老龄单壳油轮“威望”号在从拉脱维亚驶往直布罗陀的途中，驶经西班牙加利西亚附近海域时遭遇暴风雨，船体与不明物体发生碰撞，并在强风和巨浪的作用下失去控制，船体损坏导致燃料油泄漏。在风浪作用下，失控油轮向西班牙的加利西亚海岸方向漂移，并在距海岸 9 km 处搁浅。搁浅时船底裂开一个长达 35 m 的缺口，近 4 000 t 燃油从舱底流出，形成一条宽 5 km、长 37 km 的油带。11 月 17 日，西班牙政府下令将“威望”号拖到大西洋西南海域中离出事海域 104 km 之外的地方进行抢险。由于“威望”号轮船体破损，随着暴风雨的不断加剧，11 月 19 日，船体最终发生断裂，随后沉没在约 3 600 m 深的海底，船内还有 5 万 t 燃油沉入海底。据悉，约 2.5 万 t 石油倾泄到海上，在污染最严重的海域，泄漏的燃油达 38.1 cm 厚。

“威望”号轮在西班牙海域沉没后，造成大面积油污，在其后的较长一段时间内，仍在继续溢油。这次事故对法国的部分岸线造成了污染，对葡萄牙海域也有很大影响。绿色和平组织警告说，存有数万吨原油、沉在深海的“威望”号就像一颗随时可能爆炸的“炸弹”。西班牙科学委员会的报告指出，沉海后的“威望”号船体上有 20 个裂口泄油，截至 2003 年 1 月 8 日，仅有 6 个裂口被堵住。在此期间，沉海的“威望”号轮每天仍有 80 t 燃料油泄入大海，到 2003 年 1 月 8 日，共漏油 2.5 万 t，污染范围已从西班牙北部海域扩散到法国和葡萄牙海岸。

“威望”号沉船事故给西班牙造成严重的污染和经济损失。据报道，西班牙北部500 km长的海岸上有179个海滩遭到重度污染，1万多只海鸟死亡。沿海4 000多名渔民因渔业资源受到污染而不能下海捕鱼，经济损失达3亿欧元。事故导致西班牙附近海域的生态环境遭到了严重污染，溢油污染了西班牙近400 km的海岸线，著名的旅游度假胜地加利西亚面目全非，岸滩上堆积了厚厚一层油污，近岸的河流、小溪和沼泽地带也受到严重污染。受“威望”号溢油影响最严重的是渔业与水产养殖业，一些野生动物也受到不同程度的污染。

“威望”号油品泄漏事故堪称世界上有史以来最严重的灾难之一，鉴于以“威望”号为代表的单壳油轮灾难性污染事故频发，国际海事组织修订了《国际防止船舶造成污染公约》相关附则条款，大幅缩短了单壳油轮的使用年限，确定了对单壳油轮进行淘汰的时间表。

1.2.2 海上钻井平台溢油事故

目前，世界上已探明的海上石油储量占地球石油总储量的25.2%。自1897年美国最先在加利福尼亚州西海岸用木栈桥打出第一口海上油井以来，目前世界上有近千座海上石油钻井平台，遍及世界各大洋。特别是近几十年来，由于现代经济对能源的强烈需求，各国陆续对本国海洋油气资源进行深度开发，海上石油钻井平台的数量不断增加。我国海洋油气资源的勘探开发自20世纪70年代末开始起步，随着海洋石油勘探开发的蓬勃发展，越来越多的钻井平台在海洋中开采作业。2012年5月，“海洋石油981深水半潜式钻井平台”的开钻标志着我国海洋石油开发开始由浅水向深海迈进。与此同时，海上钻井平台可能发生的溢油事故风险也随之增大。

数量如此多的钻井平台为我们带来油气资源的同时，也带来了巨大的风险。由于碰撞、腐蚀或操作不当造成的油气井喷、平台或钻井装置倾覆等事故与日俱增，使大量的石油进入水体和沉积物，严重威胁着海洋生态平衡，给经济和海洋环境带来了巨大损失和严重危害。如2010年墨西哥湾钻井平台发生爆炸导致溢油事故，约490万桶[①]原油泄漏入海；2011年蓬莱19-3溢油也属于钻井平台作业引起的溢油事故。

相比于陆上钻井，海上钻井设备更复杂，溢油风险因素更多。除风暴、海浪及海流等恶劣自然条件外，海上钻井平台发生溢油最主要的原因是损坏、损毁事故，而且由于海洋特殊的地质环境，地质性溢油也是海上钻井发生溢油的风险源。除此之外，钻井平台老化、第三方破坏、操作人员的误操作及井控措施失效都可能导致

① 1桶=158.98 L。

钻井过程中发生溢油事故。

井喷是在钻井过程中最主要的溢油风险，是在钻井作业过程中的多种原因（如底层压力掌握不准、钻井液密度偏低、井内钻井液柱高度降低、起钻抽汲压力过大以及操作措施不当等）导致的。井喷发生会使井下情况复杂化，无法进行正常钻井，对油气层会造成较大损害。同时，井喷极易导致失控，使油气资源受到严重破坏，易酿成火灾爆炸，设备毁坏，造成人员伤亡。井喷失控是钻井工程中性质严重的灾难性事故。

1.2.2.1　“深水地平线”漏油事故

2010 年，在墨西哥湾延续数月的“深水地平线”漏油事故也称为“墨西哥湾漏油事故”、“英国石油公司（BP）漏油事故”或者“马康多油井井喷事故”，是 2010 年 4 月 20 日发生的一起墨西哥湾外海油污外漏事故，事故造成 11 名工作人员死亡及 17 人受伤，经 5 个月水下封堵才成功，共泄漏大约 320 万桶石油，最终导致墨西哥湾接近 9 971 km^2 的海域被污染。

“深水地平线”漏油事故的起因是 2010 年“深水地平线”钻井平台完成钻井深约 5 596 m，固井作业结束，准备临时离井。4 月 20 日，平台失去动力、实时监控数据丢失后的 5 秒，平台第一次爆炸，10 秒后平台紧接着发生二次爆炸。4 月 22 日，平台爆炸沉没，随后美国海岸警卫队暂停搜救行动。在事故发生后的第 5 天，发现海底 1 500 m 处漏油，日泄漏原油 1 000 桶。在事故发生后的第 6 天，英国石油公司尝试借助远程遥控的水下机器人启动防喷器，但未能奏效。从 4 月 22 日开始，每天有 5 000 桶原油泄漏，事态升级恶化，美国政府介入调查，并有军方介入，竭力协助清理浮油，阻止原油扩散。4 月 30 日，白宫商议暂停墨西哥湾海洋勘探开发。5 月 7 日，英国石油公司工程师将一个重达 125 t 的大型钢筋水泥控油罩沉入海底，希望罩住漏油点，但由于泄漏点喷出的天然气遇到冷水形成甲烷结晶，堵住了控油罩顶部的开口，使得这一装置无法发挥作用。5 月 16 日，英国石油公司工程师采用虹吸法日收集 2 000 桶原油，但这一数量只占漏油量的小部分；为彻底地完成堵漏工程，吸油管随后被撤走。5 月 26 日，英国石油公司采用灭顶法控制漏油，几艘远程操控的潜水艇将 5 000 桶钻井液注入油井，由于石油和天然气喷出油井的压力太大，未得到有效遏制。5 月 29 日，灭顶法宣告彻底失败。6 月 3 日，在遭遇了连续失败后，英国石油公司提出一个新的控漏计划——盖帽法，通过遥控深海机器人，将漏油处受损的油管剪断，盖上防堵装置，防堵装置与油管相连，把漏出的石油和天然气吸至油管内，再将原油送至海面上的油轮。至 7 月

15 日，墨西哥湾漏油事故发生近 3 个月后，英国石油公司宣布新的控油装置成功罩住水下漏油点，再无原油流入墨西哥湾。7 月 27 日，英国石油公司首席执行官海沃德引咎辞职。

2010 年 4 月 20 日—7 月 15 日，钻井平台共泄漏了大约 320 万桶石油，事故造成了严重的生态环境破坏，路易斯安那州有超过 160 km 的海岸受到泄漏原油的污染，污染范围超过密西西比州和阿拉巴马州海岸线的总长。墨西哥湾沿岸生态环境遭遇灭顶之灾；相关专家指出，污染导致墨西哥湾沿岸 1 609 km 长的湿地和海滩被毁，至少 2 500 km^2 的海水被石油覆盖，渔业受损，脆弱的物种灭绝。这起历史上最大的石油泄漏事故造成超过 600 只鸟类、600 只海龟和包括 1 400 只海豚在内的哺乳动物死亡，原油污染造成的危害至少需要 60 年才能恢复。尽管英国石油公司设立了 200 亿美元赔偿基金，但金钱无法挽救和弥补事故对生态环境的破坏，这起事故成为美国历史上最严重的油污大灾难。

1.2.2.2 蓬莱 19-3 油田溢油事故

2011 年 6 月，渤海蓬莱 19-3 油田发生两起溢油事故。一起发生于 2011 年 6 月 4 日，在蓬莱 19-3 油田 B 平台附近发现油膜。康菲石油中国有限公司（以下简称“康菲石油”）在发现渗漏后，立即启动应急程序，派潜水员查看原因。后经初步调查，发现是在海底离自然断层很近的地方出现油膜，原油从地下 1 000 m 处连通到海底地面溢出，经油指纹鉴定，发现溢油来自蓬莱 B23 井。康菲石油称已第一时间向主管部门进行了报告，并部署设施控制回收溢油。另一起发生在 2011 年 6 月 17 日，油田 C 平台在钻井时，由于压力过高，出现了井涌，康菲石油也在当日向主管部门进行了报告。2011 年 7 月 5 日 14 时，主管部门在北京召开新闻发布会，公布蓬莱 19-3 油田溢油事故的调查情况。

蓬莱 19-3 油田位于渤海湾，渤海是一个半封闭海域，海水交换程度相对较弱，海域水质在恢复方面存在天然地理劣势，溢油事故对渤海海域生态系统产生的影响较大。7 月 5 日，主管部门初步调查结果确定，溢油造成劣四类海水面积达 840 km^2，单日溢油最大分布面积达 158 km^2，事故附近海域海水石油烃平均浓度高出历史背景值 40.5 倍，最高浓度是历史背景值的 86.4 倍。此外，在海底油污清理过程中，清理区域内底栖生物栖息环境被严重破坏。污染海域浮游生物种类和多样性亦明显降低，群落结构受到影响。调查显示，至 2011 年 7 月，溢油事故污染海域浮游幼虫幼体数量较历史背景值下降 69%，鱼卵平均密度较历史背景值下降 45%，仔稚鱼平均密度较历史背景值下降 90%，底栖生物平均密度较历史背景值下降 30%。2011 年 7 月中下旬，在辽宁绥中东戴河岸滩发现油污，呈不均匀带状分布，带长约 4 km，宽度约 0.5 m；在河北唐山浅水湾岸滩发现油污，呈带状分布，高潮线附近油污带宽 1～1.5 m，带长约 500 m，低潮线附近油污带宽 1.5～2 m，带长约 300 m；在河北秦皇岛昌黎黄金海岸岸滩发现油污，在高潮线附近零星分布，长度约 1.2 km。在以上区域采集的油样经油指纹分析鉴定，均与蓬莱 19-3 油田溢油油指纹一致。

两起溢油事故接连发生，引起了党中央、国务院的高度重视，成立调查组进行调查。2011 年 9 月 2 日，联合调查组要求蓬莱 19-3 全油田实施“三停”，即停注、停钻、停产。两次漏油事故总溢油量可能达到 7 070 t，约 700 桶原油及 2 500 桶矿物油溢入渤海湾，污染海域达 6 200 km^2。事故给渤海海洋生态环境和生物资源造成严重危害，给河北、辽宁、山东和天津的渔民造成重大损失。2012 年，国家海洋局与康菲石油、中海油签订《海洋生态损害赔偿补偿协议》，康菲石油和中海油分别就渔业损失和海洋生态损失赔偿 13.5 亿元和 16.83 亿元。

1.2.3　岸上储油设施溢油事故

岸上储油设施指岸边的石油储罐以及连接储罐和油码头的输油管廊等储油和装卸设施。由于不可抗拒的外力或人为因素造成储罐或输油管廊破损，导致油品外泄，溢流到围堰内，通过低洼处的污水管道、明渠，再流入水体，造成溢油事故。因此，在石油储运过程中，任何一个环节出现问题，都有可能引起火灾、爆炸和泄漏、有毒有害物质的扩散等严重事故，对人员、环境和生态都会造成巨大的损害和破坏作用。

发生岸上储油设施溢油事故的原因包括船舶靠泊操作事故、油船装卸操作不当和储备设施安全管理不当等。原因之一是船舶碰撞或触碰岸上储油设施。我国沿海航行的油船中，不乏 10 万 t 级以上的巨型油船，大型油船在满载原油时，其操纵灵活性非常低，一旦操作不当，就会发生碰撞船舶或触碰码头等事故，造成船体破裂甚至起火爆炸，致使岸上储油设施原油泄漏入海并造成污染。原因之二是油船装卸操作不当。油船装卸原油是高风险作业，需严格按照操作规程谨慎进行装卸作业；在装卸过程中，需要船岸密切配合，严格控制装卸速度，如果装卸速度控制不好，就可能会产生静电，装卸过程中需为原油添加相应的添加剂，操作不当等都会导致起火爆炸。大连新港原油输油管线爆炸的直接原因就是在卸油过程中添加脱硫剂时存在操作失误，从而发生化学反应，导致爆炸事故发生，进而造成原油入海，造成严重的海洋污染。原因之三是港口附近石油储备设施安全管理不当。石油储备设施一般具有储存量大、储油罐间距较小、储油设施距离海岸线近等特点；石油储备设施一旦因为管理不善发生爆炸事故，储油罐内的大量原油就会迅速外泄，通过地面流淌和下水道等途径迅速入海，从而造成严重的溢油污染事故。

1.2.3.1 大连“7·16”溢油事故

2010 年 7 月 15 日，新加坡太平洋石油公司所属 30 万 t“宇宙宝石”原油油轮向大连中石油国际储运有限公司（以下简称“国际储运公司”）原油罐区卸送最终属于中油燃料油股份有限公司的原油。15 时 30 分，“宇宙宝石”油轮开始向国际储运公司原油罐区卸油，卸油作业在两条输油管道中同时进行。20 时，作业人员开始向输油管道中注入脱硫剂。

7 月 16 日 13 时，油轮暂停卸油作业，但注入脱硫剂的作业没有停止。18 时，在注入了 88 m^3 脱硫剂后，现场作业人员加水对脱硫剂管路和泵进行冲洗。18 时 8 分，靠近脱硫剂注入部位的输油管道突然发生爆炸，引发火灾，造成部分输油管道、附近储罐阀门、输油泵房及电力系统损坏和大量原油泄漏。事故导致储罐阀门无法及时关闭，火势不断扩大。原油顺地下管沟流淌，形成地面流淌火。事故造成 103 号罐和周边泵房及罐区主要输油管道严重损坏，部分原油流入附近海域。

根据安监部门和公安部的分析通报，事故的原因是在“宇宙宝石”油轮已暂停卸油作业的情况下，工作人员继续向输油管道中注入含有强氧化剂的原油脱硫剂，造成输油管道内发生化学爆炸。爆炸导致大火顷刻而发，迅速殃及大连保税区油库，1 个 10 万 m^3 油罐爆裂起火。尽管大火在 15 个小时后即被扑灭，创造了个中国乃至世界火灾扑救史上的奇迹，但原油就此四处漂散。

中国海监船于 7 月 19 日 13 时 30 分的监视结果显示，受污染海域约 430 km^2，其中重度污染海域约为 12 km^2，一般污染海域约为 52 km^2。事故发生后，昔日湛蓝的海面被大片油污侵袭。在三山岛海域，大片的油带和油块在海面漂浮；大窑湾港区航道附近，随着潮汐的变化，一段段条状污油带阻断了船舶通航；傅家庄、棒棰岛、金石滩等沿线的海滨浴场及滩涂养殖区附近也面临着严重威胁。

该事故造成作业人员 1 人轻伤、1 人失踪；在灭火过程中，消防战士 1 人牺牲、1 人重伤。据统计，事故造成的直接财产损失为 22 330.19 万元。截至 2010 年 7 月 25 日 19 时，辽宁海事局累计完成方案部署 9 次，调集海上清污船舶 307 艘次，出动专业清污作业人员 7 217 人次，使用消油剂 499.6 t、吸油毡 57 t，累计作业面积达 303 km^2，回收污油水 9 776 t、污油量 1 376 t。

1.2.3.2 黄岛罐区溢油事故

1989 年 8 月 12 日，在位于青岛的国家石油天然气总公司管道局下属输油公司的黄岛油库老罐区，原油储量为 2.3 万 m^3 的 5 号混凝土油罐因雷电引起油库爆炸起火，大火持续 104 h，烧掉超过 4 万 m^3 原油，将占地 250 hm^2 的老罐区和生产区的建筑与设备设施全部烧毁，直接的经济损失高达 3 540 万元。在对油库灭火抢险过程中，10 辆消防车被烧毁，19 名灭火抢险人员牺牲，还有 100 多人受伤；事故中有部分原油经地面管沟、低洼路面外溢流入胶州湾，泄漏的油水扩散到胶州湾海面并形成污染带，对胶州湾的生态环境造成了严重的危害。

1.2.4 输油管线海上溢油事故

石油开发设备将原油从海底提取开发后，原油需要通过海底输油管线或运输原油的船舶进行输送，而管道运输是最快捷、经济、可靠的油气运输方式。伴随海洋石油的快速开采，海底管线已成为海洋油气资源的主要运输方式，其数量和铺设长度逐年增加。由于海底输油管道具有工艺复杂、输送压力高、输送介质量大和管径大等特点，在海底管线服役过程中，埋藏于海底的石油管线长时间受到海底复杂环境紊流、腐蚀等因素的影响。因管道材质和施工问题，在受力不均条件下发生变形、出现管道破损或裂隙；涂料质量不良、防腐效果不好致使管壁锈蚀、形成裂缝；连接处焊缝错位、裂缝未熔合等施工缺陷造成裂纹；输油管道的支架地基不稳，容易发生管道弯曲断裂，可能出现管线溢油的情况。也存在因过往船只、事故性沉船等对输油管线造成损害产生溢油的情况。

我国海底管道铺设技术起步较晚。1973 年，我国首次在山东黄岛铺设了 3 条 500 m 长的海底输油管道，揭开了我国海洋石油管道运输的序幕。近年来随着我国海洋石油产业的发展，海底输油管道的建设规模不断扩大。截至 2013 年，三大海区海底油气输送管线的数量多达 135 条，总长度约 3 000 km。随着海底管线的不断增多，管线溢油的发生概率也不断增加。例如，2000 年平湖油气田输油管道受台风海流影响发生泄漏事故，导致泄漏轻质原油 230 t；2013 年发生的黄岛“11・22”爆炸事故共造成 62 人死亡、136 人受伤，直接经济损失达 7.5 亿元。

2013 年 11 月 22 日凌晨 3 时，在青岛市黄岛区秦皇岛路与斋堂岛路交会处，中石化输油储运公司潍坊分公司输油管道与排水暗渠交汇处管道腐蚀减薄，导致输油管线破裂，原油泄漏，流入排水暗渠及反冲到路面。事故发生后，约 3 时 15 分关闭输油，斋堂岛街约 1 000 m^2 路面被原油污染，部分原油沿着雨水管线进入胶州湾，海面过油面积约 3 000 km^2。黄岛区立即组织在海面布设两道围油栏。

为处理泄漏的管道，现场决定打开暗渠盖板。现场动用挖掘机，采用液压破碎锤进行打孔破碎作业，作业期间发生爆炸。爆炸造成秦皇岛路桥涵以北至入海口、以南沿斋堂岛街至刘公岛路排水暗渠的预制混凝土盖板大部分被炸开，与刘公岛路排水暗渠西南端相连接的长兴岛街、唐岛路、舟山岛街排水暗渠的现浇混凝土盖板拱起、开裂和局部炸开，全长波及超过 5 000 m。爆炸产生的冲击波及飞溅物造成现场抢修人员、过往行人、周边单位和社区人员，以及青岛丽东化工有限公司厂区内排水暗渠上方临时工棚与附近作业人员共 62 人死亡、136 人受伤。爆炸还造成周边多处建筑物不同程度损坏，多台车辆及设备损毁，供水、供电、供暖、供气多条管线受损。泄漏原油通过排水暗渠进入附近海域，造成胶州湾局部污染。

通过现场勘验、物证检测、调查询问、查阅资料，并经综合分析认定：由于与排水暗渠交叉段的输油管道所处区域土壤盐碱和地下水氯化物含量高，同时排水暗渠内随着潮汐变化出现海水倒灌，输油管道长期处于干湿交替的海水及盐雾腐蚀环境中，加之管道受到道路承重和振动等因素影响，导致管道加速腐蚀减薄、破裂，造成原油泄漏。

泄漏原油部分反冲出路面，大部分直接进入排水暗渠。泄漏原油挥发的油气与排水暗渠空间内的空气形成易燃、易爆的混合气体，并在相对密闭的排水暗渠内积聚。由于从原油泄漏到发生爆炸之间有 8 个多小时，受海水倒灌影响，泄漏原油及其混合气体在排水暗渠内蔓延、扩散、积聚，最终造成大范围连续爆炸，伤亡惨重。

1.3 溢油行为与归宿

溢油在水域中的行为和归宿与其他进入水中的污染物一样。在特有的水体环境及生物的作用下，溢油将发生复杂的演变过程，并最终在水环境中降解消失。溢油在水域中的行为和归宿过程主要由动力迁移和非动力风化两大主要过程组成（如图 1-4 所示）。

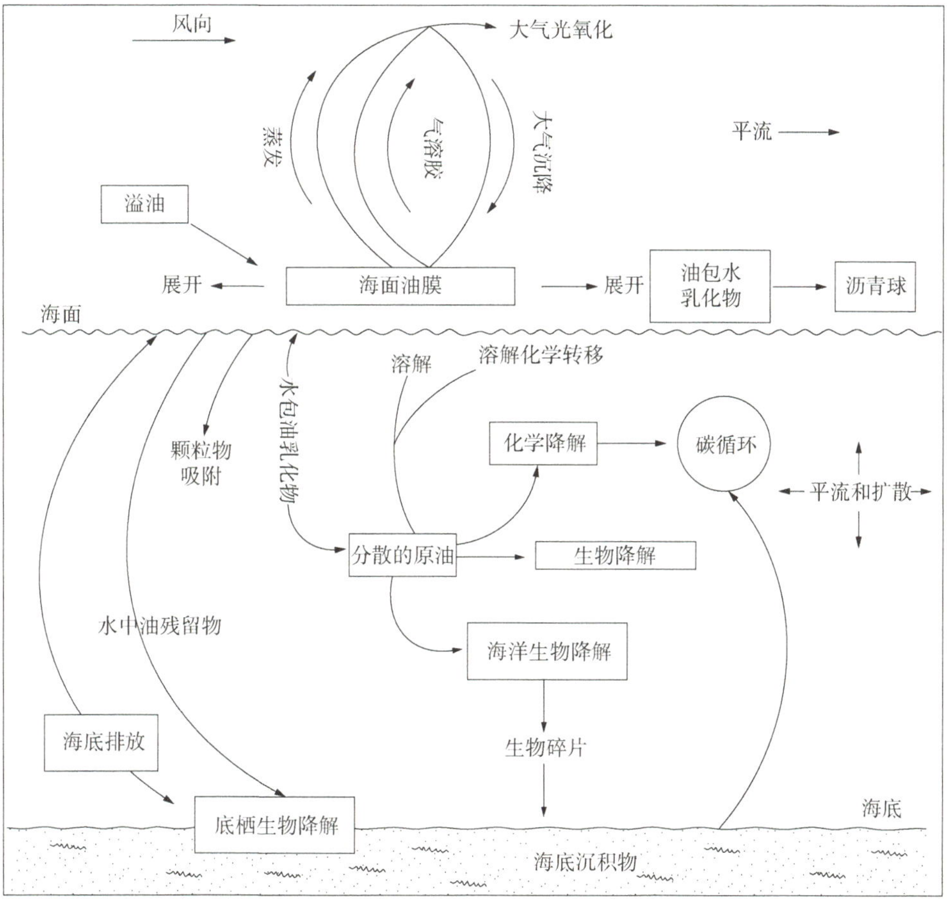

图 1-4　溢油在水体中的行为和归宿

在溢油发生的初期阶段，油膜拓展过程占据主导地位，油膜拓展规律是确定油膜尺度大小的重要理论依据。同时溢油还受到各种环境参数（如温度、盐度、风、波浪、悬浮物、地理位置和油本身的化学组成等）的影响。当油膜不断变大、厚度变薄时，水流紊动又成为油膜扩散的主要动力，油膜在自身拓延的基础上，随着风和潮流不断迁移，同时风化过程不断改变油的性质。在风的作用下，在顺风向上油易聚集，从而形成了油膜分布的非均匀情形，这种分布与石油自身特有的物理化学特性和不断变化的水环境相关，导致每一次溢油的归宿不尽相同。因此，水上溢油的这种特点是由溢油混合物特性和水中复杂的物理环境条件共同作用决定的，充分体现了水上溢油演变的复杂性。溢油在水域中的变化及持续时间情况如图 1-5 所示。

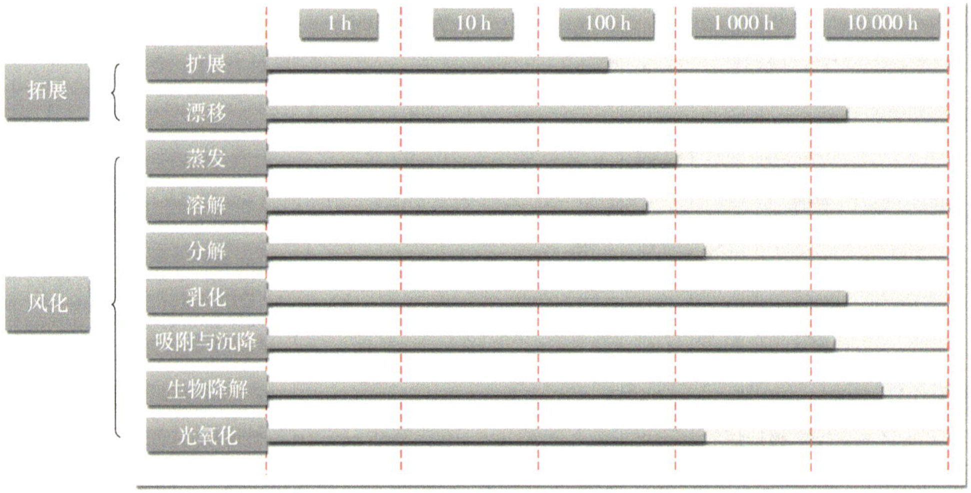

图 1-5　溢油在水域中的变化及持续时间

1.3.1　油膜拓展

溢油初期油膜较厚，主要动力学过程是在重力、惯性力、黏性力和表面张力的作用下油膜各质点的相对运动，称为拓展，主要包括两部分：一是扩展，由于油的密度比水的小，溢油在重力、惯性力、黏性力和表面张力的作用下，以油膜的形式向四周扩展，范围越来越大，油膜越来越薄；二是各向异性的离散，油膜在水面受水流、风、波浪以及其他环境动力的作用而漂移，当油膜逐渐变得很薄时，受到水体湍流分散、波浪等作用，引起油膜的分散或破碎分散。影响拓展过程的因素主要有油品自身的性质（如密度、黏性等）和周围海上水动力环境影响，同时拓展时间随着溢油量增大而延长。

1.3.2　油膜风化

溢油进入水体后，伴随着拓展、扩散等动力过程，油品还经历蒸发、乳化、分散、溶解、吸附与沉降以及生物降解、光氧化等风化过程，使油膜质量、油膜物理化学性质等发生一系列变化，这些变化主要和油品自身性质以及水域条件（如风、波浪、水流、气温以及生物活动等）有关。

1）蒸发

蒸发是油品中的石油烃轻组分从液态变为气态的过程，是水上溢油初期油品与大气物质交换的一个重要过程。蒸发会使海上油品残留量大幅减少，同时蒸发过程又和其他过程紧密相连、互相影响，比如扩散及乳化过程等。蒸发的速率与油的组分、油膜厚度以及水域环境等相关。

油品本身的组成成分决定了蒸发速率及最终蒸发总量。一般来说，轻组分含量高的油的蒸发速率较快，最终残留量也较少。油品蒸发量与混合组分中烷烃的碳原子含量有关，碳原子含量越低，蒸发越彻底。重质原油及燃料油中轻组分含量较低，蒸发速率相对较慢，最终残余量较大。油品初期蒸发得较快，而后减慢，蒸发速率随时间不断减小。通常情况下，多数油品在 12 h 内可蒸发 25%～30%，在 24 h 内可蒸发 50%。

2）乳化

油的乳化作用是另一项重要的风化过程。乳化通常是指油类吸收水而形成油包水乳化物的过程，乳化使油滴体积增加 3～4 倍，形成所谓的“巧克力冻”。不同种类、性质的油的乳化速率不同，同时还与水环境条件有关，但乳化程度的标志含水量却只与油品本身有关，所以可以用乳化含水率来表示乳化程度的大小。乳化作用发生在油膜拓展较大、厚度较薄时，油膜被打碎后，水分会进入油滴中，形成油包水的乳化物。乳化含水量较大时，形成的乳化物较稳定，当含水率达到 50%～60% 时，分散剂对乳化物几乎不起作用。由于乳化含水增加了其黏度，“巧克力冻”的存在加大了油污回收难度，同时增加了需要回收的量。

3）分散

分散是指油膜由于破碎而形成较小的油滴并进入水体中的行为。分散程度受水环境条件的影响，同时受油品性质、油水界面张力等制约。研究表明，水体紊动越强，油膜越薄，油膜就越容易分散。油水界面张力越小，分散程度就越大。在特定环境条件下，油品性质（如密度和黏度）直接影响分散过程；油的密度越接近水的密度，二者差异越小，分散程度就相对越高。

4）溶解

溶解是石油中的低分子烃向水中质量输移的一个过程，是油以分子形式进入水体的过程。与蒸发量相比，油的溶解量很小，一般不到溢油量的 1%。溶解速率和油的分子构成有关，同时受水体紊动扩散、温度以及分散程度的影响。

5）吸附与沉降

溢油进入水体后，在水中大量悬浮物和微生物的作用下，油可能会发生吸附，继而沉降。水体表面的油沉降方式有以下几种：溶解于水的部分吸附悬浮物而下沉；分散入水的部分吸附悬浮颗粒下沉；由于挥发、溶解造成乳化油密度增大、形成半固态小焦油球而下沉。沉降过程主要取决于承载吸附颗粒物的性质和油自身的种类、性质等。沉降速率随水中的油浓度和附着物含量的变化而变化；当盐度增大或者温度降低时，油滴对颗粒物的吸附量会随之增加。油滴与颗粒物可能发生分离现象，但不会完全分离。

6）光氧化

光氧化过程是指溢油在水体表面逐渐拓展开以后，油膜表面充分接触氧气，在阳光照射下，油品中的一些组分与氧分子发生化学反应，生成了新的含氧物质。这些新物质是在一系列复杂化学反应下的产物，但也造成油的物理性质发生变化，显著的变化如颜色等。在阳光的照射下，不同油类会发生不同程度的光氧化分解。一般来说，与其他风化过程相比，氧化过程是一个更加缓慢的过程，短期效应不明显，光氧化产物浓度较低；但随着时间增加，光氧化的长期效应将日益明显，石油光氧化产物对水中生物产生的危害增加，对生物的毒性较为明显。溢油的光氧化反应主要受制于阳光和温度等因素，其氧化速率随油的品种、入射光的强度、大气温度、水温度、油膜厚度和油的存在形式等的不同而有一定差异。

7）生物降解

水环境中有大量的微生物，部分入水污染物最终被微生物降解而消失。石油也一样，水环境中有很多可以分解石油的微生物，目前发现的已有200多种。这些微生物对油的降解产物一部分用于微生物自身细胞合成，另一部分则被分解为水和二氧化碳，将油转化为对水环境无毒无害的物质，从根本上消除了油污影响，因此，生物降解过程决定水上溢油的最终归宿。

生物降解的速率除了与油品性质有关外，与环境温度的关系最大，其他影响因素还包括盐度、pH值、部分营养盐类物质等。油品自身组成越复杂，其降解就会越慢，同时代谢过程中也越容易产生各种中间产物。另外，一些水生物体内的酶也能转化一定浓度、种类的油烃类。

1.4 溢油事故的危害

水体对石油的净化能力与对其他入水污染物不同，由于油品本身分子性质较稳定，而且水流、风场对油膜有扩散作用，使得石油的破坏性更强。石油本身对水生植物及动物有毒性，破坏食物链，可能造成动植物体残留大量毒性物质，也可导致生长畸变，从而最终损害人类健康，而且这种危害的周期往往是很长的。

溢油的破坏性体现在两个方面：油本身的危害以及环境条件的响应。首先，不同的油的破坏性不尽相同。例如，重质燃料油组分中含大量的芳香烃，这类化合物水溶性较强、扩散速率快，同时毒性很强且很难降解等。所以一般来说，重质燃料油的溢油事故要格外引起关注，因为它对水体的破坏力更大。其次，不同的环境条件对溢油危害的响应也不同。如事故地点是否为生态敏感区、事故时间是否在鱼类繁殖期或收获期等，造成的影响都会不同。一般来说，同样的溢油事故对封闭水域造成的污染破坏要远大于对开阔水域的污染破坏；对产卵繁殖期的生物破坏比对生长期的损害要大得多。根据溢油事故的历史经验，油轮沉没将污染深层海水和海底沉积物，对周边海洋生态环境产生十几年甚至几十年的长久影响。以“桑吉”号轮溢油事故为例，英国南安普敦大学国家海洋中心的海洋地理学家西蒙·博克索尔表示：“如果船只携同大量完整货物沉没，那么就相当于在海床上放了一颗慢慢释放凝析油的定时炸弹，这一地区的数百公里范围内可能会长期禁止捕鱼。”

1.4.1 对生态环境的危害

溢油事故发生后，溢出的油品将会对事故区域附近的土壤、水体、动植物、地下水等产生严重的生态环境危害。水上溢油形成的油膜极易迅速扩散并造成大面积水域污染，给溢油的清理带来极大的困难，同时对生态环境造成重大影响。2010 年 4 月发生的墨西哥湾原油泄漏事故对环境造成的危害可能会持续数十年。陆源溢油事故一旦发生，溢出的油品会受到地形、陆域植物等的阻碍，首先会对土壤及其植被造成严重危害；如果控制措施不到位，大量的油品会沿地表低洼处或沟渠等以地表径流方式流入近岸水域，造成与水体溢油同样的后果。

1.4.1.1 对陆域环境的危害

土壤中进入油品后，若超过土壤自净能力，积累的石油类物质将会长期残留。在重力作用下，这些物质会向土壤深部迁移，并发生平面扩散，石油因强黏滞性会在短时间内形成小范围的高浓度污染，破坏土壤结构。土壤颗粒因吸附石油类物质而不能形成有效的导水通路，致使土壤的透水能力下降，影响土壤通透性。石油类物质由于生物降解缓慢而在土壤中积累并对土壤的理化性质及生态系统产生严重影响，损害植物根部，阻碍根的呼吸和吸收，破坏植物正常的生理机能，对土壤植物和土壤微生物都产生危害，甚至引起根系的腐烂，严重影响土壤质量和生产力。若土壤中的石油类污染物挥发、扩散并转移到空气中，会直接影响人的身体健康。石油类物质在重力和毛细力的作用下可能会进入地下水系统，石油中含有的烷烃、环烷烃和芳香烃等多种有毒物质会直接危害人类健康。

1.4.1.2 对水域环境的危害

水面漂浮的大片油膜会降低表层水中的日光辐射量，引起浮游植物数量的减少。溢油污染造成大量潜水摄食鸟类死亡，导致作为其食物的鱼类数量增加，这进一步减少了浮游植物的数量。浮游植物的数量减少会导致食物链其他更高环节上的生物数量相应减少，使得整个水生生态系统生物群落衰退。与短期危害相比，溢油污染对水生生态系统造成的长期危害更为严重，往往需要经过几年甚至几十年才能显现出来，最终导致水域生态平衡的失调。

水面上的溢油对鸟类的危害最大，尤其是潜水摄食的鸟类。这些鸟类以浮游生物及鱼类为食，当接触到油膜后，它们的羽毛能浸吸油类，从而失去防水、保温能力。此外，它们因不能觅食而用嘴整理自己的羽毛，摄取溢油，造成内脏的损伤，最终它们会因饥饿、寒冷、中毒而死亡。

石油中含有挥发性毒物和可溶性毒物，它们对鱼类、贝类、底栖动物及其卵和幼体的短期危害显著。浮游生物是最容易受污染的初级生物，一方面，它们对油类的毒性特别敏感，即使在溢油浓度很低的情况下，它们也会被污染；另一方面，浮游生物与水体是连成一体的，水面浮油会被浮游生物大量吸收，并且它们又不可能像水中动物那样避开污染区。另外，水面油膜对阳光的遮蔽作用影响着浮游植物的光合作用，会使其腐败变质。

成鱼有着非常敏感的器官，因此它们一旦嗅到油味，会很快地游离溢油水域。而生活在近岸浅水域的幼鱼更容易受到溢油的污染。当毒性较大的油进入浅水湾时，不论是通过自然降解，还是通过使用分散剂去除，都会对该水域的幼鱼造成多方面的危害。

养鱼场网箱里的鱼因不会逃离，受溢油污染后将不能被食用。近岸养殖的扇贝、海带等也是如此。另外，用于养殖的网箱受油污染后很难清洁，只有更换才能彻底消除污染，这样的费用是十分昂贵的。有关研究结果表明，鱼卵、仔稚鱼或贝类的胚胎幼体对石油相当敏感，当水中的石油质量浓度达到 0.01 mg/L 时，就可使鱼类受到致命伤害。当海水中的柴油质量分数为 4% ～ 8% 时，牡蛎会在一周内死亡。

海面上休眠或运动的海洋哺乳动物受溢油污染危害的情况是不同的，如鲸鱼、海豚、海牛等和成年海豹对油类非常敏感，它们能及时地逃离溢油水域，可以避免遭受污染。但成年海豹和小海狗栖息海滩时，会被油类的污染所困，以致死亡。水獭遭受油污染后，通常会窒息死亡，主要原因是水獭不愿离开栖息场所。浅水域通常是海洋生物活动最集中的场所，如贝类、幼鱼、珊瑚等活动在该区域。该类水域对溢油污染的影响异常敏感，造成的危害在社会上反映强烈。

溢油对岸线沙滩的污染威胁将直接影响到旅游业。码头和游艇停泊区对溢油也非常敏感，被污染的游艇和船舶的清洁费用较高。盐业和海水淡化等都会受到溢油污染的直接危害，造成经济损失。遮蔽的岸线（如沼泽、红树林和湿地等）资源价值很高，溢油对其造成的危害难以估量，落潮后鸟类在此觅食，涨潮时这里又是幼鱼活动的场所，再加上这种水域对油的净化能力很弱，因此溢油影响周期很长。

1.4.2 对人类健康安全的危害

石油类产品易燃、易爆，溢油会对个人和公共安全造成威胁。溢油初期，轻质原油及轻质炼制品的厚油区可能存在易燃气体，应急行为不当或环境不适都会引发火灾和爆炸危险。因此，在进行溢油应急作业前，应充分了解油品的类型、闪点等危险性参数，采取相应的防范措施，避免引发事故。

石油所含的苯和甲苯等有毒化合物进入食物链后，从低等的藻类到高等哺乳动物，无一能幸免。由于挥发性大，苯类物质暴露于空气中时很容易扩散。人和动物吸入或皮肤接触后，这些化合物进入体内，会引起急性苯中毒和慢性苯中毒。有研究报告表明，引起苯中毒的部分原因是苯在体内生成了苯酚。苯对中枢神经系统产生麻痹作用，引起急性中毒。重者会出现头痛、恶心、呕吐、神志模糊、知觉丧失、昏迷、抽搐等症状，严重者会因为中枢系统麻痹而死亡。少量苯也能使人产生睡意、头昏、心率加快、头痛、颤抖、意识混乱、神志不清等现象。摄入含苯过多的食物会导致呕吐、胃痛、头昏、失眠、抽搐、心率加快等症状，甚至死亡。吸入 20 000 ppm ①的苯蒸气 5～10 min 便会有致命危险。长期接触苯会对血液造成极大伤害，引起慢性中毒、神经衰弱综合征。苯可以损害骨髓，使红细胞、白细胞、血小板数量减少，并使染色体畸变。苯可以导致大量出血，从而抑制免疫系统的功用。有研究报告指出，苯在体内的潜伏期可长达 12～15 年。女性吸入过量苯后，会导致月经不调达数月，卵巢会缩小。

---

① 1 ppm=1×10^{-6}。

石油中含有的石油气、苯、硫化氢等多种有毒物质，经过挥发、扩散并转移到空气或进入水体，通过吸入、皮肤接触、摄取三种途径危害人体，当达到人体中毒极限时，会直接危害人类健康。另外，向储油装置中充加惰性气体是防火防爆的有效手段，但惰性气体中含有大量的有害物质，如二氧化硫等；发生事故泄漏后，这些有害物质被人体所吸入，将会造成严重危害。

第2章 溢油风险分析框架及常用方法

2.1 溢油风险分析概念

“风险”这一概念最早源于19世纪末的西方经济学，通常与损失紧密联系。Crichton（1999）将“风险”定义为“造成损失的可能性”。准确系统地认识并研究风险的根本目的在于能够有效地管理风险和支撑决策。目前比较公认的“风险”定义为风险是事故概率与事故造成后果的乘积。

根据《风险管理　风险评估技术》（GB/T 27921—2011）、《建设项目环境风险评价技术导则》（HJ 169—2018）等风险评估相关标准及国内外研究，风险分析是在风险源识别的基础上，合理确定风险事故源强、发生可能性和影响后果的过程。风险分析意味着将风险事故发生的可能性和造成的后果转化为与风险相关的决策支持信息，是确定风险是否需要处理以及选择最适合的处理策略和方法的基础。风险分析最早应用于经济学领域，主要是满足经济决策的需求。随着社会逐步认识到风险在管理和决策中的重要作用，风险分析的需求也在逐步拓展，开始应用于环境保护和污染防治领域。

溢油风险可定义为在石油勘探开发或运输过程中发生的各种形式油品泄漏入水的概率与造成的后果的乘积。溢油风险分析的目的是辨析溢油污染事故的风险特征和风险强度，对溢油事故发生的可能性和后果进行定性或定量分析，为制定降低风险的措施提供支撑，以减小风险发生的概率、减轻事故危害。溢油风险分析通常包括三方面内容：一是溢油事故发生规模分析；二是溢油事故风险概率预测；三是溢油事故可能造成的后果分析，主要通过溢油轨迹预报模型对溢油事故发生后水上油膜在风、流、浪等外部环境作用下的漂移扩散轨迹及风化过程进行模拟预报，分析论证溢油对周边生态环境产生的影响。

溢油风险分析方法可采用定性、半定量、定量或以上方法的组合，可根据风险分析的目的、可获得数据的可靠程度以及管理决策的需求决定具体方法。定性分析一般通过重要性等级来确定风险后果、可能性和风险等级，如“高”“中”“低”3 个重要性程度。半定量分析可利用数字评级量表测度风险的后果和发生可能性，并采用风险矩阵法或公式将二者结合以确定风险等级。定量分析主要运用数学模型对一些表征溢油风险的定量指标进行计算，得出事故发生概率、危险性、事故伤害或破坏范围、导致事故因素的关联度等参数；定量分析可预测风险后果及其发生可能性的实际数值，并产生风险等级的数值。

2.2 溢油事故规模分析

《船舶污染海洋环境风险评价技术规范（试行）》、《水上溢油环境风险评估技术导则》（JT/T 1143—2017）等行业标准规范设定了最大可信水上溢油事故、可能最大水上溢油事故、最可能发生水上溢油事故等三种事故情形。其中，“最大可信水上溢油事故”指在所有预测的概率不为零的事故中，溢油量最大的水上溢油事故；“可能最大水上溢油事故”指在设定的条件下，可能发生的溢油量最大的水上溢油事故；“最可能发生水上溢油事故”指在设定的条件下，最可能发生的水上溢油事故。

美国等国家在水上溢油事故溢油量分析方面已有较为成熟的研究和应用。美国要求在溢油应急预案中分析评估平均最可能溢油（不超过 8 t）、最大最可能溢油（不超过 400 t）、最坏情形溢油三种不同情景的溢油事故，且分别对油船溢油事故、设施溢油事故给出了不同的计算方法。根据美国联邦法令第 33 CFR 154 章、155 章，最坏情形溢油基本上对应我国最大可信水上溢油事故。

溢油事故规模分析为溢油事故后果预测提供分析模拟情景，应基于溢油风险事故情形设定合理估算的溢油事故规模。下面按照运输船舶、储罐、石油平台、输油管线等溢油风险源类型，介绍其在不同情形下的溢油事故规模。

2.2.1 运输船舶溢油事故溢油量

根据运输船舶的船型、吨位、实载率等，分别预测最大可信水上溢油事故溢油量、可能最大水上溢油事故溢油量、最可能发生水上溢油事故溢油量。最大可信水上溢油事故溢油量通常按照新建水运工程建设项目设计代表船型，或实际航行和作业船舶中载油量最大船型所载货油或船用燃料油全部泄漏的数量进行确定。可能最大水上溢油事故溢油量通常按照新建水运工程建设项目设计代表船型，或实际航行和作业船舶中载油量最大船型的 1 个货油边舱或燃料油边舱的容积进行确定。最可能发生水上溢油事故溢油量根据主力船型的 1 个货油边舱或燃料油边舱的容积进行确定。舱容的确定以实际统计数据为准，可参考《水上溢油环境风险评估技术导则》（JT/T 1143—2017）附录 C。根据《船舶污染海洋环境风险评价技术规范（试行）》，最可能发生水上溢油事故溢油量还可取 365 t 与载货容量 10% 之间的较小值。对于双壳油轮，根据美国国家科学院交通研究委员会的研究，在相同的情况下，4 万～15 万 t 载重的双壳油轮溢油量较相同吨位的单壳油船溢油量将会减少 54%～67%。

2.2.2 储罐溢油事故溢油量

根据储罐所处的地势、离岸距离等地理条件，分析储罐发生溢油事故时溢油入水的可能性。对储罐溢油可能入水的，分别预测最大可信水上溢油事故溢油量和可能最大水上溢油事故溢油量。分析储罐溢油事故溢油量时应根据储罐设计资料、实地调查等确定储罐数量和最大储罐容量，并对港区储罐维护设施、事故池和沟渠管网进行调研，分析围护设施、事故池或沟渠管网在发生火灾爆炸事故时可发挥的阻挡或储存溢油作用；对可继续有效的，应进一步核算储油量。

储罐最大可信水上溢油事故溢油量可按下式计算：

$$Q_1 = \sum_{i=1}^{n} C_i - \sum_{k=1}^{m} R_k \tag{2-1}$$

式中：Q_1——储罐最大可信水上溢油事故溢油量，m^3；

C_i——第 i 个油罐的最大存油量，m^3；

R_k——第 k 个围护设施、事故池或沟渠管网在事故时仍可围控、储存溢油的容量，m^3；

n——油罐的数量；

m——围护设施、事故池或沟渠管网的数量。

如果无法取得式（2-1）中所需数据，可取 1 个最大储罐储油量的 50% 作为最大可信水上溢油事故溢油量。可选取储罐中 1 个最大储油罐的容量、采用式（2-1）计算储罐可能最大水上溢油事故溢油量；如果无法取得上述数据，可以取 1 个最大储罐储油量的 10% 作为可能最大水上溢油事故溢油量。

2.2.3 石油平台溢油事故溢油量

海上石油开发的溢油事故情况较为复杂，可掌握的历史事故数据也较为有限。对海上石油开发溢油事故溢油量的计算多是基于历史上发生的案例经验。国内外有记载的重特大石油平台溢油事故较少，主要包括美国“深水地平线”平台事故、瑙鲁兹海上油田系列事故、壳牌石油公司钻井平台事故、蓬莱 19-3 油田溢油事故等。

由海上石油开发的溢油历史事故数据可知，海上石油勘探开采过程中发生的溢油事故泄漏量从几百吨到几十万吨，最大可信事故规模为几十万吨，全球海上石油开发最大可信事故规模可达 70 万 t。我国历史上发生的海上石油平台溢油案例较少，溢油量远没有国外规模大。但随着我国海上石油开发的推进，也存在发生万吨级溢油事故的可能性。因此，可将国外海上石油平台溢油事故历史数据作为国内石油开采溢油风险评估的参考。鉴于国内数据极为有限，可参照美国最坏情形溢油量计算的方法确定海上石油平台溢油事故溢油量，即为每日产油量乘以 30 天。

2.2.4 输油管线溢油事故溢油量

输油管线主要由油管、油泵及配套附件组成。输油管线因腐蚀、破裂，会造成油管内的油溢出。

对陆上输油管线，根据输油管道数量、运行情况等因素，分别预测最大可信溢油事故溢油量、可能最大溢油事故溢油量。

陆上输油管线的最大可信溢油事故溢油量可按下式计算：

$$Q_2 = \sum_{i=1}^{n} C_i + \sum_{j=1}^{b} (v_j \times t) - \sum_{k=1}^{m} R_k \tag{2-2}$$

式中：Q_2——陆上输油管线最大可信溢油事故溢油量，m^3；

n——输油管线的数量；

C_i——第 i 条输油管线的存油量，m^3；对输油管线在不作业时进行排空处理的，存油量取值为 0；对长输管线，只考虑可紧急关闭的一段管线的存油量；

b——同时作业的输油管线的数量；

v_j——第 j 条输油管线的输油速率，m^3/h；对采取自流方式装船的，管线的输油速率按实际取值；对无设计输油速率的，按表 2-1 取值；

t——最快发现时间（可取巡视间隔时间）和最长关闭阀门时间之和，h；

m——围护设施、事故池或沟渠管网的数量；

R_k——第 k 个围护设施、事故池或沟渠管网在事故时仍可围控、储存溢油的容量，m^3。

不同等级油码头的货油泵输油速率参数如表 2-1 所示。

表 2-1　不同等级油码头货油泵输油速率参数

油码头等级	货油泵输油速率参数 / (m^3/h)	油码头等级	货油泵输油速率参数 / (m^3/h)
1 000 t 级	200	10 万 t 级	2 500
5 000 t 级	250	15 万 t 级	3 500
1 万 t 级	500	30 万 t 级	5 000
5 万 t 级	1 200	>30 万 t 级	6 000

选取输油管线中的 1 条最大口径输油管线、采用式（2-2）计算输油管线可能最大水上溢油事故溢油量；开展区域风险评估时，可能最大水上溢油事故溢油量取区域内周转量最大的水运工程建设项目的 1 条最大口径输油管线、按照式（2-2）进行计算。

对储罐和输油管线在发生事故时因相互影响而存在同时泄漏的可能性的，分别按照上述方法计算最大可信水上溢油事故溢油量和可能最大水上溢油事故溢油量，并取两者之和；两者不会产生相互影响的，取两者之中的大者。

海底管线溢油量可按照断裂溢油、蠕孔溢油、裂纹溢油等三种不同溢油形式的溢油量进行计算。考虑到国内海底管线溢油事故较少，对海底输油管线事故溢油量的计算可参考美国最坏情形溢油量的计算，即按照海底输油管线最大流量乘以关闭时间，同时应考虑静水压力、重力、摩擦力、管道阶段长度、与其他管道连接及其他因素的影响。

2.3 溢油事故概率分析

溢油事故概率是指溢油事故发生的可能性，通常用每年发生的溢油次数来表示溢油事故概率。溢油事故概率分析是风险分析的核心所在。根据《风险管理 风险评估技术》（GB/T 27921—2011）、《建设项目环境风险评价技术导则》（HJ 169—2018）、《船舶污染海洋环境风险评价技术规范（试行）》、《水上溢油环境风险评估技术导则》（JT/T 1143—2017）等标准规范及国内外专家学者提出的方法，溢油事故概率分析可采用统计分析法、概率论方法、专家分析法等。《建设项目环境风险评价技术导则》（HJ 169—2018）附录 E 中给出了不同泄漏事故类型（如容器、管道、泵体、压缩机、装卸臂和装卸软管的泄漏和破裂等）的泄漏频率。

2.3.1 统计分析法

统计分析法主要是利用溢油事故历史数据识别已发生事故情况，并推断在未来发生的可能性。考虑到水上溢油事故的相对多发性，一般情况下可用历史数据来反映风险概率，因此可单独使用统计分析法在相对较大的区域内进行风险分析。如果某些区域或某种类型风险源溢油事故在历史上的发生数量很少，则无法估计其可能性。

对有溢油事故历史数据的情况或环境，推荐采用统计分析法确定水上溢油事故概率。首先，按照船舶、码头装卸设施和石油开发设施等不同溢油风险源类型，收集长期的历史事故数据和作业量的相关数据，如船舶艘次、石油运输量里程、码头油品装卸量、石油储存量、石油开采量等。统计时段从风险分析的前一年开始，向前追溯，原则上应不少于 10 年；少于 10 年的，可选取作业类型、最大可信事故溢油量、最可能发生事故溢油量和地理环境相似的其他项目或区域进行类比分析。其次，分类、分事故等级计算水上溢油事故概率。按照船舶、码头装卸设施、陆域石油储罐和石油开发设施等风险源类型，分别统计历史水上溢油事故次数，计算得出各类水上溢油事故发生的年频率和概率。不同等级事故概率可按照 10 的 n 次方（从 0 起算）或者法定事故等级进行计算。在等级事故概率计算结果中，确定最可能水上事故情形和最大可信事故情形所处的位置，按照等差的方法，确定最可能事故和最大可信事故的发生概率。

对区域内历史上未发生过最大可信事故的，最大可信水上溢油事故概率可按照全球统计数据，结合我国实际情况确定；区域内历史上未发生过可能最大水上溢油事故的，宜采取类比方法确定。

根据溢油历史事故数据，可建立水上溢油事故概率与不同类型风险源的船舶交通流量、石油运输量里程、码头油品装卸量或吞吐量、储罐周转量等之间的定量关系。根据即时更新的溢油事故数据或未来一段时间的预估数据，可对现有概率计算结果进行修正，不断提高溢油事故概率的可信水平，预测未来时段内溢油事故发生的可能性。在溢油历史事故数据准确且充分的前提下，可以使用人工神经网络等方法训练溢油事故模型以求解溢油事故概率中的非线性关系。

除船舶交通流量、石油储存量和石油运输量，海底地形地貌、沉积物类型、水动力条件、海底冲淤变化等自然因素，航道、锚地、水文气象等通航环境以及航海技术、通航管理水平、库区管理因素、储罐及管线状况等均会对溢油事故的发生产生影响，因此应研究建立上述因素与溢油事故概率的定量关系，不断提高风险评估结果的可信度。

2.3.2　概率论方法

概率论方法主要利用概率论、故障树、事件树、类比法等技术预测溢油事故发生的可能性。由于操作性溢油事故概率难以用理论进行描述，因此采用概率论方法预测溢油事故概率时，需对溢油历史事故数据进行筛选，将操作性溢油事故与海难性溢油事故进行区分。

概率论最早被用于研究船舶溢油事故概率，预测不同石油输送量或生产量情况下不同规模溢油的可能性。Devanney 等（1974）利用贝叶斯分析方法对溢油统计数据进行了分析，计算溢油事故发生次数、发生规模的概率特征，研究认为可以利用每生产或运输 1 个单位的油所引起溢油事故的发生次数来表示溢油发生概率，并采用 1964—1992 年美国外大陆架的海上钻井平台和输油管线的溢油历史记录及 1974—1992 年的全球油船溢油历史数据对溢油发生概率的计算公式进行修正，以期获得更为准确的溢油发生概率。这种计算方法相对简单，因此得到了广泛使用。但是对特定的局部海域而言，相对有限的空间范围内发生溢油事故的概率通常较小，有时甚至没有溢油事故历史记录；在这种情况下，采用随机理论方法将受到限制，因此随机理论方法在研究中小尺度海域时受到限制，并不适合局部海域的溢油事故风险概率分析。另外，由于概率统计方法与历史事故记录有关，随着数据的不断更新，溢油概率值也会发生变化。Anderson 等（1990，1994，2000）分别利用1964—1992年和1964—1999年美国外大陆架海上钻井平台和输油管线的溢油数据，1974—1992年和1974—1999年的全球油船溢油历史数据以及1974—1999年美国水域游艇溢油数据对溢油概率进行了修订。结果表明，美国外大陆架海上钻井平台溢油概率一直在下降，主要是由于自1980年以来一直没有类似溢油事故发生，而输油管线的溢油概率略有增加；船舶溢油概率也呈降低趋势。Eschenbach等（2010）通过精确泊松置信区间、精确二项式置信区间，对管线长度与年代和石油平台数量、规模与年代之间的关系开展了详细分析，利用溢油量超过50桶的溢油事故数据预测溢油概率，通过不断更新的溢油数据对概率统计的预测方法进行了改进。本书认为这种方法可以较好地应对数据不足情况下的溢油概率分析。

Robert（1983）通过求解条件概率，得到溢油风险事故的发生概率，将St.Mary River内油船船舶流量与油船事故概率关联，分析了环境因素（能见度）对油船事故的影响，并得出溢油事故概率的计算公式。这种方法并不适合其他风险因素引起的油船事故溢油概率计算，因为在1起事故已经发生的条件下，其溢油与否并不仅依赖于能见度的高低。Price等（2003）在美国内政部的支持下，开发了溢油风险分析模型OSRA，用于评价海面油品和气体开采面临的操作风险；这种方法利用多次的模拟计算，结合溢油历史事故记录、风场和海洋流场数据，通过概率统计测算岸线被溢油污染的概率；近几年来，OSRA将提高流场、风场和溢油理化性质随时间变化的准确度作为重点方向之一。McCay等（2009）研究了溢油源类型、溢油种类、溢油量、季节和地理位置对溢油风险的影响，通过将以上影响因素进行分级，得到了一定条件下的溢油风险值。由于对影响因素的分级是基于专家打分的，因此，这种方法得到的溢油风险是相对值，只能用来比较同一地区范围内风险的大小，难以与其他方法计算的溢油风险值进行比较。

国内关于船舶和石化等行业的风险评价研究起步较晚。但随着近年来国内港口业的发展和船舶运输量的增加，许多学者也开展了关于船舶溢油发生概率的研究。胡二邦（2000）利用数理统计理论推导出了船舶溢油风险概率的二项式分布公式，该公式以研究海区内历史上每艘独立船舶发生事故的概率为基础，结合未来船舶流量，预测出该海域的溢油事故概率。该方法考虑了海区溢油历史事故的特点和未来的船舶流量，在理论体系上较为完善，因此得到了广泛的应用。但由于该方法是基于船舶流量的，因此该方法主要适用于航道、锚地等地发生船舶碰撞、破损等造成的较大规模溢油事故，对非船舶的溢油事故及码头附近水域由于装卸事故、操作失误等造成的小规模溢油事故并不适用。肖景坤（2001）应用概率与数理统计、人工神经网络、线性规划等，以我国海上船舶溢油历史统计数据为依据，对我国海域内船舶海上溢油事故的风险概率、导致船舶溢油的因素以及船舶溢油的危害预报等问题进行了较为全面的分析与研究。竺诗忍等（1997）采用条件概率的方法对舟山海域溢油事故的风险进行了研究，认为船舶事故概率服从离散型二项概率分布，并计算得出了舟山海域溢油风险的概率。耿晓辉（2000）分析了船舶溢油的8个影响因素，采用模糊神经网络法构建溢油事故的等级模型，对船舶溢油风险进行评价。张舒（2011）采用离散二项分布计算了海上船舶溢油事故发生概率，应用故障树逻辑推导法分析计算了油罐区溢油发生概率，应用事件树逻辑推导法分析计算了海上钻井平台、海底管线溢油发生概率，比较了上述不同概率计算方法的适用性。

采用概率论等数理统计方法分析溢油事故发生特征，从而预测溢油发生概率，会因为溢油历史数据的缺乏和统计方法本身的不足，导致概率计算具有主观性和粗糙性，使得分析结果存在使用上的缺陷。此外，概率论方法无法体现区域特点，除与船舶艘次相关外，与当地通航环境、水域环境、石油运输量等影响溢油事故的各项重要因子均缺乏关联性。因此，若采用概率论方法求解事故概率，应当同时采用类比方法对概率结果进行验证。

2.3.3 专家分析法

专家分析法是指系统化和结构化地利用专家观点估计溢油事故发生的可能性。专家分析应利用现有的相关信息，包括历史、特定系统、具体组织、设计等方面，如溢油历史事故数据、海底地形地貌、沉积物类型、水动力条件、海底冲淤变化、区域气象条件、通航环境、海事管理水平、储罐库区管理水平等。获得专家分析的方法众多，常用方法包括头脑风暴法、结构化/半结构化访谈法、德尔菲法、情景分析法、层次分析法、模糊评估法以及上述方法的综合应用等。Muhlbauer（1992）针对海底输油管道环境风险提出了完整的指数打分法。余建星等（1998）、张立奎等（2015）基于输油管道自身因素、人为因素、自然因素等指标，运用工程模糊数学理论、层次分析法等开展了输油管道溢油风险分析。刘俊稚等（2017）应用基于层次分析的模糊综合评估方法，开展了舟山岙山石油储运库区的溢油风险评估。

在进行溢油事故概率分析时，可采用多种分析方法，宜同时进行比较分析，选取最为可信的概率分析结果。

2.4 影响后果分析

除对溢油风险源、风险事件的发生可能性、事故规模等进行分析外，溢油风险分析还应对溢油风险事故的影响后果进行说明。溢油风险事故可能对不同的保护目标和利益相关方产生一系列不同程度的影响，根据溢油事故情景预测和周边环境信息，明确溢油风险影响的性质、目标和类型，分析溢油可能产生的后果。

溢油影响后果分析主要是通过技术手段模拟分析水上溢油事故对水环境、生态环境、沉积物环境、大气环境、社会环境等可能产生的影响，尤其是对特殊水域、特殊时节内需要特别保护的环境敏感目标的影响。本书重点关注溢油对水环境、生态环境等的影响分析，对溢油在大气环境中的扩散预测及影响分析可参考《建设项目环境风险评价技术导则》（HJ 169—2018）相关内容。

可通过溢油轨迹预报模型对溢油在水环境中的行为动态进行不同情景下的量化预测，得出溢油污染影响的时间、空间和程度等参数，结合溢油预测模拟结果和水环境、环境敏感目标现状，分析溢油对主要的环境保护目标的危害程度。根据溢油风险评估的工作等级，可以采用典型情景模拟法或随机模拟统计法分析预测溢油在水面上和水体中的漂移扩散范围和危害程度。

典型情景模拟法通常根据风向、风速、潮期、水文情势等设置溢油预测典型情景（如表 2-2 所示），得到不同情景下溢油漂移轨迹、扫水面积以及到达环境敏感目标和岸线的时间、污染面积或长度等参数。随机模拟统计法体现了溢油事故在发生地点与发生时间上的不确定性，通过随机选择溢油发生地点和溢油发生时间，进行大样本情景的溢油模拟，记录每一次事故模拟中各个网格的溢油漂移经过时间、油膜厚度等数据，通过统计分析获得溢油对区域环境敏感目标的污染概率、最快影响时间、油膜厚度和持续影响时间等污染程度信息。

表 2-2 水上溢油预测模拟典型情景

溢油地点	油种和溢油事故规模	典型风向	风速	潮型 / 内河径流
溢油高风险区域	风险识别确定的代表性油种；可能最大水上溢油事故溢油量	冬季主导风	冬季主导风平均风速	涨潮 / 丰水期
				落潮 / 平水期
		夏季主导风	夏季主导风平均风速	涨潮 / 丰水期
				落潮 / 平水期
		不利风向	不利风速	涨潮 / 丰水期
				落潮 / 平水期

溢油轨迹预报模型可以定量预测水上溢油的行为动态，提供溢油污染程度信息，对分析溢油造成的危害非常关键。因此，溢油轨迹数值模拟在很多研究中已经成为溢油风险后果定量分析的基础模型。溢油轨迹预报模型可大概划分为基于典型情景模拟的溢油轨迹预报模型和基于不确定性思想的溢油轨迹预报模型。

对溢油轨迹预报模型的研究始于 20 世纪 60 年代。海面发生溢油事故后，溢出的石油会经历多种物理作用和风化过程，风化过程主要包括溶解、蒸发、乳化等可导致油膜物理化学性质发生变化的过程。Blokker（1964）建立了最早的溢油蒸发模型，该模型假定溢油为性质不变的单组分油，因此只能近似模拟蒸发过程。Mackay 等（1973）研究建立了风速、溢油量和溢油蒸发量的函数关系式，为后来许多学者的工作奠定了基础。目前研究中较为常用的风化模型有 IKU 风化模型、美国 NOAA/HMRAD 发展的 ADIOS 风化模型、英国 BMT 和 WSL 共同合作完成的 OSIS 风化模型、Sebastião 等（1995）提出的预测溢油风化全过程的数学模型等。

对溢油在水面扩展过程的研究是溢油轨迹预报模型中最核心的内容之一，早期比较有代表性的工作是 Fay 的三阶段理论，该理论是描述溢油扩展过程的经典理论。Johansen 和 Elliot 等于 20 世纪 80 年代提出了拉格朗日“油粒子”概念，建立的拉格朗日“油粒子”模型（Oil Particle Model，OPM）突破了传统的对流扩散方程模拟方法，在溢油模型发展史中具有里程碑意义。进入 20 世纪 90 年代后，许多学者针对“油粒子”模型中的油水相互作用、溢油理化特性变化等方面进行了深入的实验和理论研究。汪守东（2008）基于“油粒子”思想，采用拉格朗日追踪法，建立了考虑风、潮流、波浪动力因素作用下的油膜迁移、扩散、挥发、溶解、乳化、沉降和附着在岸边等多种复杂物理过程、化学过程的二维和三维海面溢油行为及归宿预报模型，对海面溢油运动的轨迹和归宿进行预测，揭示了“油粒子”运动的内部过程。

对海底管线溢油模型的研究始于 20 世纪 70 年代，McDougall（1978）、Fannelop 等（1980）、Milgram（1983）、Fannelop 等（1991）均曾对海底管线溢油预报模型进行研究。Yapa 等（1997）和 Zheng 等（1998）建立了相对较为完善的海底管线溢油预测模型，考虑了溢油的溶解和扩散过程，但没有考虑溢油的乳化过程。汪守东（2008）在 Yapa 等（1997）和 Zheng 等（1998）研究的基础上，建立了考虑石油乳化、溶解和扩散等过程的海底管线溢油预报数学模型。

经过 30 多年的发展，传统的溢油预报数学模型已形成了较为成熟的体系，其发展历程大致可分为三个阶段：第一代模式属于纯扩散模式，并未考虑水流和风对溢油运动的驱动作用；第二代模式是在二维海洋动力学模型并假定油膜为理化性质稳定的保守物质的基础上，模拟油膜的漂移与扩散等物理过程；第三代模式是系统溢油预报模式，一般采用更为精细的三维潮流模型结果，同时考虑溢油化学性质的变化，模拟漂移、扩散、溶解、挥发、乳化和岸边吸附等各种理化过程，能较准确地预测油膜的运动轨迹及演变归宿。

考虑到溢油模型建立的过程中采用了大量的假设和概化，而实际溢油发生时，一些重要的参数（如溢油量、溢油时间和溢油地点等）都具有一定的不确定性，通过传统的确定性的溢油模型计算出的油膜分布与实际情况往往存在一定差异，Hakimi（1964，1965）首次引入不确定性思想，尝试解决这一问题。Guillen等（2004）、Deborah（2004）、Sebastião 等（2007）、Xu 等（2012）等研究者陆续在溢油模型中考虑了溢油地点、溢油规模、溢油时间、风流场等环境因素的不确定性，提高了溢油预测模拟的准确性。

2.5 溢油风险评价结果

溢油风险评价是将溢油风险分析的结果与预先设定的风险准则进行比较，或者在风险分析的结果之间进行比较，以确定风险等级，给出风险的可接受程度，采取不同的风险应对措施以支撑未来溢油风险防控行为。最简单的风险评价结果是仅将风险分为两种，即需要应对的与不需应对的。这种分类方式简单易行，但是难以反映出风险评估时的不确定性。通常来说，溢油风险评价主要可分为定性评价和定量评价。

定性评价主要是根据评价者的经验和直观能力进行判断，对可能造成溢油事故的各个因素进行定性的风险描述，在不需要确定风险绝对值的情况下判定风险高低。当缺乏足够的数据开展溢油风险分析或在进行详细的溢油风险分析前对风险可接受水平进行初步判断时，可以采用定性评价方法。常见的风险定性评价方法主要包括安全检查表法、危险可操作性研究、预先危险性分析、失效模式和后果分析、事故树分析法等。定性方法容易理解，实施简单方便，因而目前在管理中应用广泛，但由于使用过程中主要根据经验或直观判断，受人为主观影响较大，带有局限性，评价结果也缺乏可比性。

定量评价方法主要是运用数学模型对溢油风险值进行计算，得出包含溢油事故概率、事故后果或影响范围、导致事故发生因素等参数的风险量化指标值，并与风险准则进行比较，划分溢油风险等级，给出溢油风险可接受程度的结论。常见的溢油风险定量评价方法包括风险值法、风险指数法、风险区划法等。

水上溢油风险值可用溢油事故概率及其后果的乘积表示，也可用溢油事故的危险性与环境敏感目标易损性的乘积表示。上述两种水上溢油风险值的表示方法均是从风险的客观属性上对风险进行描述，缺乏对风险控制能力的评估。澳大利亚 / 新西兰风险管理标准（AS/NZS 4360：2004）、邴磊（2019）等在水上溢油风险值计算公式中引入了风险控制能力参数，表达人类社会对溢油风险的应急防范能力、管理水平等因素。

本书推荐水上溢油风险值采用溢油风险指数法进行表征，用溢油事故概率指数与溢油事故危害后果指数的乘积表示。其中，溢油事故概率指数一般为溢油事故概率的函数，溢油事故危害后果指数一般为溢油事故规模、溢油污染程度信息、环境保护目标敏感程度等参数的函数。溢油风险指数法可对区域多个溢油风险源开展分析评价。

溢油风险区划法是对区域溢油风险相对大小进行排序，揭示区域内及区域之间溢油风险的空间分布特征，并进行风险等级区划，实现溢油风险分区管理的方法，主要通过水上溢油风险值的计算，融入地理空间信息，将风险分析的结果在空间上体现出来。

第3章 基于空间单元的高时空分辨率溢油风险分析方法

从国内外溢油风险分析方面已开展的研究工作可以看出，在信息技术快速发展的条件下，开展定量风险评估和对风险的不确定性进行处理已成为溢油风险分析的研究热点。但是现有的风险分析多针对单一风险源进行评价，对于我国近海大规模的产业布局和集中开发而言，缺少对多类型风险源风险耦合和叠加效应的表达，难以定量描述区域尺度整体溢油风险水平的时空分布特征和不确定性。针对上述问题，本书提出了基于空间单元划分的高时空分辨率溢油风险分析方法。

3.1 基于空间单元的溢油风险分析总体框架

高时空分辨率溢油风险分析方法运用地理信息空间分析、大数据分析、数理统计、溢油轨迹预测模拟等技术方法，构建基于空间单元的溢油风险定量分析方法，能够描述全国及区域尺度上船舶、管线、储罐、平台等多类型风险源溢油风险水平的时空分布特征。该方法在对研究水域进行空间单元划分的基础上，基于溢油风险源现状及规划、溢油历史事故以及区域气象水文和海事监管条件等信息，设计了表征溢油风险的两个指数：一是溢油事故风险指数，体现区域溢油事故规模和发生概率；二是溢油污染风险指数，在溢油事故风险指数的基础上叠加水域敏感指数。该方法同时适用于沿海及内河水域的溢油风险分析。

基于空间单元的溢油风险分析技术路线如图 3-1 所示。

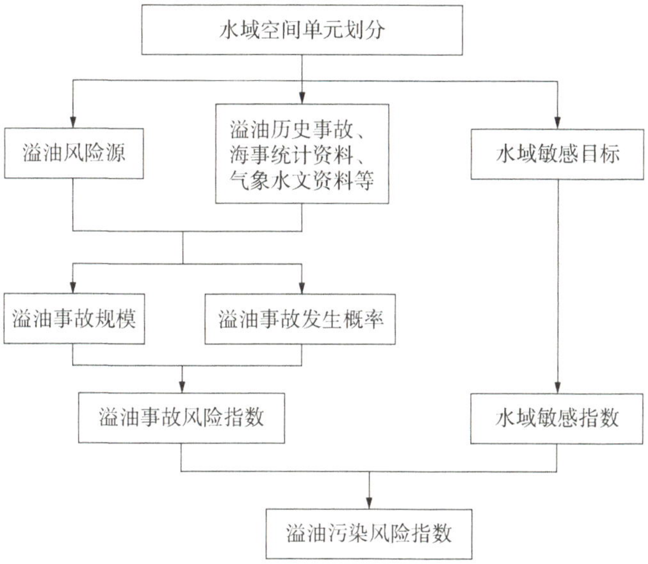

图 3-1　基于空间单元的溢油风险分析技术路线

3.2　面向多风险源的高时空分辨率海上溢油风险分析方法

3.2.1　技术方法

海上溢油风险分析方法在海域空间单元划分的基础上，根据运输船舶、储罐、输油管线、石油平台等 4 类溢油风险源的规模与分布，考虑海域溢油历史事故、气象水文、海事监管水平、海域敏感目标等信息，采用大数据、数理统计和地理信息技术进行分析。总体技术路线如图 3-2 所示。

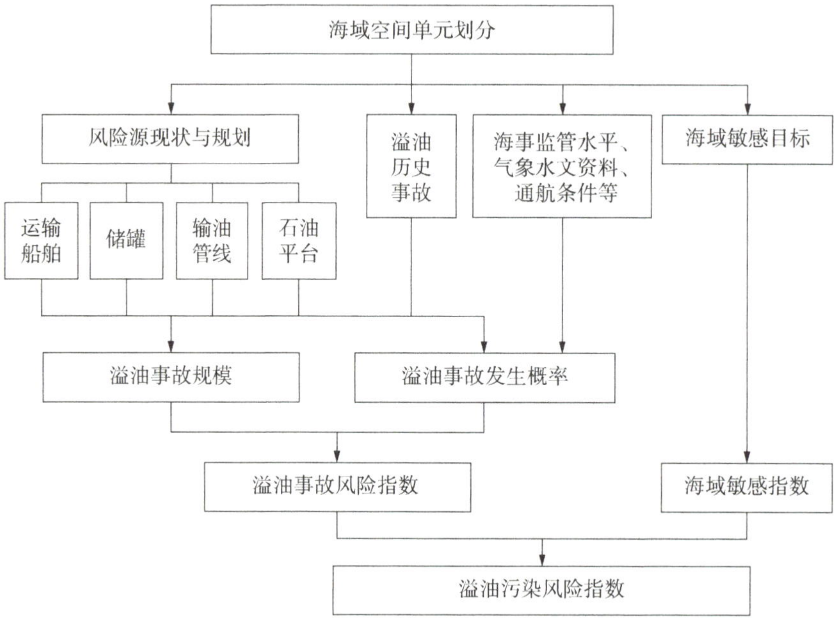

图 3-2 海上溢油风险分析方法技术路线

3.2.2 海域空间单元划分

基于 ArcGIS 地理空间分析技术，综合考虑风险评估海域范围、港口空间布局、溢油应急设备库覆盖范围、海域溢油风险水平和溢油应急时空要求等因素以及空间精度和计算效率的均衡，将风险评估海域划分为尺度适宜的矩形空间单元，用作统计和分析的基础单元；这种方法也称网格单元划分。在风险分析方法中引入网格单元技术，能够充分体现不同溢油风险的空间差异，可以有效支撑管理部门的网格化管理，有利于科学提升水上溢油风险监管能力。

3.2.3 溢油事故风险指数

溢油事故风险指数可用于表征海上溢油风险程度，可采用溢油事故规模和事故概率的乘积表示。在多种风险源出现在同一海域的情况下，分别计算不同溢油风险源的溢油事故风险指数，再将不同风险源的溢油事故风险指数叠加，获得综合溢油事故风险指数。

3.2.3.1　船舶溢油事故风险指数

船舶溢油污染风险与运输船舶的数量、吨位和类型以及溢油历史事故泄漏量和事故高发区位置有关。基于船舶自动识别系统数据、海事统计年鉴、溢油历史事故统计数据等，依据图 3-3 所示技术流程计算船舶溢油事故风险指数。

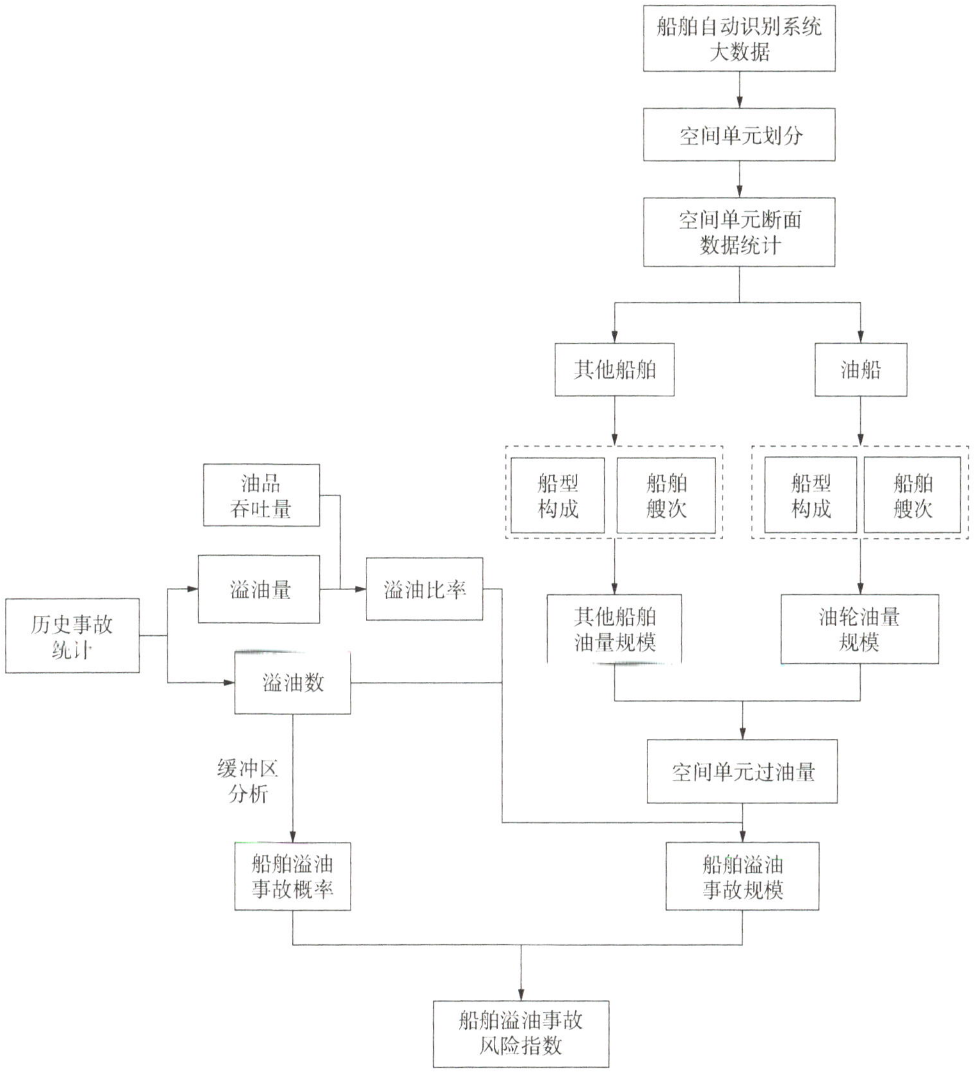

图 3-3　船舶溢油事故风险指数计算流程

船舶自动识别系统（Automatic Identification System，AIS）是指一种应用于船和岸、船和船之间的海事安全与通信的新型助航系统。常由甚高频（VHF）通信机、全球定位系统（GPS）定位仪和与船载显示器及传感器等相连接的通信控制器组成，能自动交换船位、航速、航向、船名、呼号等重要信息。AIS 配合 GPS，将船位、航速、改变航向率及航向等船舶动态结合船名、呼号、吃水及危险货物等船舶静态资料，由 VHF 向附近水域船舶及岸台广播，使邻近船舶及岸台能及时掌握附近海面所有船舶之动静态资讯，得以立刻互相通话协调，采取必要避让行动，有效保障船舶航行安全。

——《交通大辞典》编辑委员会，2005. 交通大词典 [M]. 上海：上海交通大学出版社.

1）船舶溢油事故规模（E）

根据各空间单元船舶流量数据、海域溢油历史事故数据计算船舶溢油事故规模。

首先，以 AIS 数据为基础，提取每个空间单元断面上的船舶信息，分油船和其他船舶两类统计每个空间单元内的船型构成与船舶艘次，计算每个空间单元通过船舶装载的燃油、货油总量。

$$O = O_{油船} + O_{其他船舶} \tag{3-1}$$

$$O_{油船} = T_{油船} \times \alpha \tag{3-2}$$

$$O_{其他船舶} = T_{其他船舶} \times \beta \tag{3-3}$$

$$T_{油船} = \sum_{i=1}^{n_1} W_{油船i} \times t_{油船i} \tag{3-4}$$

$$T_{其他船舶} = \sum_{i=1}^{n_2} W_{其他船舶i} \times t_{其他船舶i} \tag{3-5}$$

式中：O——空间单元过油量，t；

$O_{油船}$和 $O_{其他船舶}$——油船和其他船舶的空间单元过油量，t；

$T_{油船}$和 $T_{其他船舶}$——通过空间单元的油船和其他船舶吨位，t；

$W_{油船i}$ 和 $W_{其他船舶i}$——i 等级油船和其他船舶的艘次；

$t_{油船i}$ 和 $t_{其他船舶i}$——i 等级油船和其他船舶的平均吨位，t；

n_1 和 n_2——油船和其他船舶划分的等级数量；

α 和 β——表征油船和其他船舶货油和燃油携带量的参数；根据经验，可分别取 0.5 和 0.1。

其次，以溢油历史事故和风险评估海域总过油量为基础，计算单位过油量可能产生的溢油量，即溢油比率。

$$R = \frac{S}{O_{合}} \tag{3-6}$$

式中：R——风险评估海域船舶溢油比率；

S——某时间段内海域溢油历史事故溢油总量；

$O_{合}$——同一时段内海域合计过油量。

将空间单元过油量（O）与溢油比率（R）相乘，再除以溢油事故次数（$NO_{总}$），得到空间单元可能发生的溢油事故规模。

$$E = \frac{O \times R}{NO_{总}} \tag{3-7}$$

式中：$NO_{总}$——某时段内海域溢油事故次数。

除上述方法外，还可依据本书 2.2.1 节方法确定各空间单元船舶溢油事故规模。

2）船舶溢油事故概率（P）

由于溢油事故概率与自然条件、管理水平等存在诸多联系，而自然条件、管理水平存在明显的空间差异，因此考虑历史事故的影响，全海域溢油事故发生的概率可以根据历史事故发生的位置及频次计算得到。本书认为每个空间单元的溢油概率均受到全海域其他空间单元的影响，且受影响程度与距离成反比。根据全概率公式，某空间单元的溢油事故概率（以事故频率代替）如下式。

$$P = (NO + \frac{NO_1}{2} + \frac{NO_2}{4} + \frac{NO_3}{6} + \cdots + \frac{NO_m}{2m}) / a \tag{3-8}$$

式中：P——空间单元溢油事故概率（频率）；

NO——空间单元统计时段内发生的溢油事故数量；

NO_1、NO_2、NO_3、NO_m——空间单元向外第 1、2、3、m 圈层空间单元发生的溢油事故数量；

a——事故统计年份数。

上述方法主要是根据溢油历史事故数据直接计算溢油事故概率。考虑到船舶溢油事故概率除与船舶流量和石油运量有关外，还与航道、锚地、水文气象等通航环境以及航海技术、通航管理水平等因素相关，为更加精细地体现上述因素对船舶溢油事故的影响，进一步提高风险评估结果的可信度，本节还提出了基于层次分析法的船舶概率评价指标体系，以此求解船舶溢油事故概率指数，即表征船舶溢油事故发生的相对概率的指标。

在风险空间分析的基础上，首先对区域风险影响因素进行深入系统的综合分析，明确区域溢油风险的特点，识别主要的风险要素。参考《水上溢油环境风险评估技术导则》（JT/T 1143—2017）、《船舶污染海洋环境风险评价技术规范（试行）》、《通航安全评估管理办法》等相关法规标准以及国内外相关文献资料，建立海域船舶溢油事故概率评价指标体系。其次，采取层次分析法确定指标权重；根据指标类型、特点，对指标进行标准化处理。最后，对各项指标进行加权求和，得到海域船舶溢油事故概率指数，从而对每个海域空间单元的溢油事故风险进行综合评价，具体计算流程如图 3-4 所示。

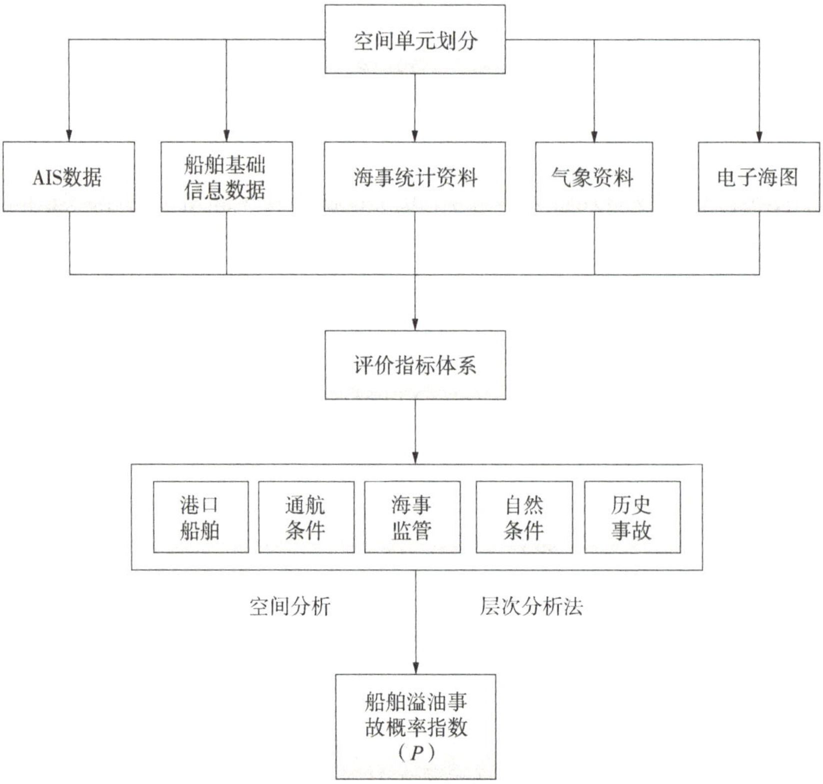

图 3-4　基于层次分析法的船舶溢油事故概率指数计算流程

（1）指标体系构建

建立包括目标层、准则层和指标层的区域船舶溢油事故风险评价指标体系。其中，准则层分为自然条件、港口船舶、通航条件、海事监管和历史事故等方面，指标层对各准则层进行了深化。海域船舶溢油事故概率评价指标体系如表 3-1 所示。

表 3-1　海域船舶溢油事故概率评价指标体系

目标层	准则层	指标层	指标说明	单位	数据来源	标准化方法
船舶溢油事故概率指数	自然条件	最大风速	各海域单元评价时段内的最大风速	m/s	气象统计资料	正归一
		雾日天数	各海域单元评价时段内的雾日天数	d	气象统计资料	正归一
		最大潮差	各海域单元评价时段内的最大潮差	m	水文统计资料	正归一
	港口船舶	船舶流量	各海域单元评价时段内的船舶数量	艘次	AIS 数据	正归一
		船舶平均吨位	各海域单元评价时段内的船舶平均吨位	t	AIS 数据	正归一
		船舶安全状况（船舶安全检查缺陷数量）	船舶安全检查缺陷数量 = 事故预防缺陷数量 + 航行安全缺陷数量 + 油船、化学品船和液化气体船检查缺陷数量 + 防污染（油船、化学品船和液化气体船）检查缺陷数量	个	海事统计年鉴（海船安全检查情况）	正归一
		油品运输量	各海域单元油品运输量 = 油船总吨 + 其他船舶总吨 ×10%	t	AIS 数据	正归一
		船员海事违法行为	违反海事管理秩序的处罚事项数量	件	海事统计年鉴（海事行政处罚情况）	正归一
		码头数量	各海域单元内的码头总数量	个	码头泊位统计数据	正归一
		油码头数量	各海域单元内的油码头数量	个	码头泊位统计数据	正归一

续表

目标层	准则层	指标层	指标说明	单位	数据来源	标准化方法
船舶溢油事故概率指数	通航条件	航道宽度	航道平均宽度	m	电子海图	反归一，无航道网格取 0
		水深条件	各海域单元的水深	m	电子海图	反归一，水深≥30 m 取 0
		碍航物数量	海域单元碍航物数量 = 暗礁数量 + 沉船数量 + 紊流数量 + 其他障碍物数量	个	电子海图	正归一
		锚地数量	海域单元锚地数量	个	电子海图	正归一
	海事监管	单位巡航时间	空间单元单位巡航时间 = 分支机构评价时段内的总巡航时间 / 分支机构辖区网格数	h	海事统计年鉴（海区巡航工作统计表）	反归一
		雷达电台覆盖率	雷达电台覆盖率 = 各海域单元雷达电台覆盖面积 / 海域网格面积 ×100%	%	电子海图	反归一
		航标数量	航标数量 = 专用通用浮标数量 + 专用通用立标数量 + 侧面浮标数量 + 侧面立标数量 + 安全水域浮标数量 + 顶标数量 + 方位浮标数量 + 方位立标数量 + 孤立危险物浮标数量 + 孤立危险物立标数量 + 警告区数量 + 雾号数量 + 昼标数量 + 灯标数量 + 灯船数量	个	电子海图	反归一
	历史事故	溢油历史事故频率	各海域单元的溢油历史事故发生次数	次	海事统计年鉴统计数据	正归一

为避免指标数量级和量纲差异对评价结果的影响，首先对各评价指标的统计值进行标准化，方法有“正归一”和“反归一”两种。“正归一”方法中，统计指标越大，标准化后的指标值越大，如下式所示：

$$x_i^* = \frac{x_i - x_{\min}}{x_{\max} - x_{\min}} \tag{3-9}$$

式中：x_i^*——标准化后的指标值；

x_i——指标统计值；

$x_{\min}$——指标最小值；

$x_{\max}$——指标最大值。

“反归一”方法中，统计指标越大，标准化后的指标值越小，如下式所示，公式中各参数的含义同上。

$$x_i^* = \frac{x_{\max} - x_i}{x_{\max} - x_{\min}} \tag{3-10}$$

（2）指标权重确定

采用层次分析法（AHP）确定各评价指标的权重。基本步骤如下：

①建立层次结构。将有关的各因素按照不同属性自上而下地分解成若干层次，同一层的诸因素从属于上一层的因素或对上层因素有影响，同时又支配下一层的因素或受到下层因素的作用。最上层为目标层，通常只有一个因素，最下层通常为指标层，中间可以有一个或几个层次，通常为准则层。当准则过多时应进一步分解出子准则层。

②构造成对比较矩阵。从层次结构模型的第二层开始，对从属于（或影响）上一层每个因素的同一层诸因素，用成对比较法构造成对比较矩阵，直到最下层。

③计算单排序权向量并进行一致性检验。对每个成对比较矩阵计算最大特征值及其对应的特征向量，利用一致性指标、随机一致性指标和一致性比率进行一致性检验。若检验通过，特征向量（归一化后）即为权向量；若不通过，需要重新构造成对比较矩阵。

④计算总排序权向量并进行一致性检验。计算最下层对目标的组合权向量，并根据公式进行组合一致性检验。若检验通过，则可按照组合权向量表示的结果进行决策，否则需要重新考虑模型或重新构造一致性比率较大的成对比较矩阵。利用总排序一致性比率（CR），对 CR＜0.1 进行检验。

$$\mathrm{CR} = \frac{w_1\mathrm{CI}_1^{(i)} + w_2\mathrm{CI}_2^{(i)} + \cdots + w_m\mathrm{CI}_m^{(i)}}{w_1\mathrm{RI}_1^{(i)} + w_2\mathrm{RI}_2^{(i)} + \cdots + w_m\mathrm{RI}_m^{(i)}} \tag{3-11}$$

式中：w_1，w_2，…，w_m——第 i 层各指标的权重；

m——第 i 层指标数量；

$CI_1^{(i)}$，$CI_2^{(i)}$，…，$CI_m^{(i)}$——第 i 层与第 $i+1$ 层的层次关系构成的 m 个成对矩阵的维数确定的一致性指标；

$RI_1^{(i)}$，$RI_2^{(i)}$，…，$RI_m^{(i)}$——层次分析法中的指标。

通过专家咨询，利用层次分析法确定评价指标体系各项指标的权重，如某个区域风险分析结果如表 3-2 所示。其中，通航条件的权重最大，历史事故的权重最小。

表 3-2 船舶溢油事故概率指标体系权重

目标层	准则层	指标权重	指标层	指标权重
船舶溢油事故概率指数	自然条件	0.182	最大风速	0.076
			雾日天数	0.032
			最大潮差	0.074
	港口船舶	0.203	船舶流量	0.022
			船舶平均吨位	0.012
			船舶安全状况	0.040
			油品运输量	0.032
			船员海事违法行为	0.061
			码头数量	0.011
			油码头数量	0.025
	通航条件	0.289	航道宽度	0.067
			水深条件	0.099
			碍航物数量	0.086
			锚地数量	0.037
	海事监管	0.228	单位巡航时间	0.033
			雷达电台覆盖率	0.108
			航标数量	0.087
	历史事故	0.098	各海域单元溢油历史事故发生次数	0.098

（3）船舶溢油事故概率指数计算

对船舶溢油事故概率指标体系评价指标进行加权平均，最终得到各海域单元的溢油事故概率指数（P），计算公式如下式所示：

$$P=\sum_{i=1}^{n} w_i \times x_i^* \qquad (3\text{-}12)$$

式中：P——船舶溢油事故概率指数；

w_i——评价指标权重；

x_i^*——标准化后的指标值。

船舶溢油事故概率指数反映了各空间单元发生船舶溢油事故的可能性。船舶溢油事故概率指数（*P*）越大，说明该空间单元溢油事故发生的可能性越大。

3）船舶溢油事故风险指数（*H*）

各空间单元的船舶溢油事故风险指数（*H*）计算公式为

$$H=E\times P \tag{3-13}$$

式中：*E*——船舶溢油事故规模；

P——船舶溢油事故概率指数。

3.2.3.2　储罐、输油管线及石油平台溢油事故风险指数

根据原环境保护部《沿海地区陆源溢油环境应急能力调查分析报告》中提供的沿海涉油企业油品存储量、输油管线及海上石油平台设计参数，确定每个空间单元内的油品储运能力。以上述三类溢油风险源的溢油历史事故为基础，统计各类风险源溢油事故的溢油总量，并结合沿海油品储库（罐）的总储量、输油管线的设计输送能力及海洋石油平台的设计产量，计算溢油事故发生后的溢油比率，进而确定每个空间单元发生溢油事故后可能的溢油事故规模。在此基础上，结合溢油事故的高发区信息，确定每个空间单元的溢油事故风险指数（如图 3-5 所示）。

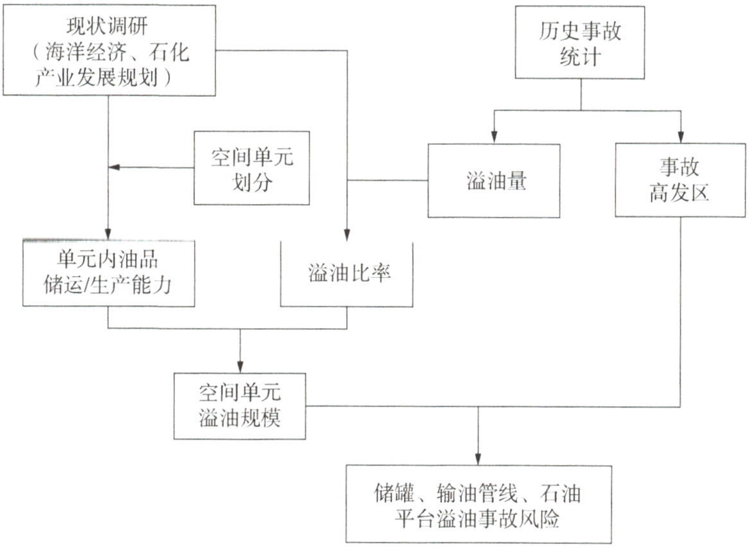

图 3-5　储罐、输油管线、石油平台溢油事故风险分析技术路线

3.2.3.3　综合溢油事故风险指数

将运输船舶、储罐、输油管线、石油平台四类风险源的溢油事故风险指数加和，得到综合溢油事故风险指数。

$$H_{综}=\sum_{i=1}^{4}H_i \tag{3-14}$$

式中：$H_{综}$——综合溢油事故风险指数；

H_i——第 i 类风险源的溢油事故风险指数。

3.2.4 溢油污染风险指数

本书提出以溢油污染风险指数表征水上溢油污染程度，溢油污染风险指数采用溢油事故风险指数和水域敏感指数的乘积表示。

3.2.4.1 水域敏感指数分析

海上溢油事故不仅会给海域环境和生态系统带来灾难性破坏，还会对水产、航运等海洋相关产业造成巨大冲击。与此同时，若溢油事故发生在我国与邻国的交界海域，则有可能引起国际争端，影响国家形象。鉴于溢油事故可能造成的各类不利影响，本书中将易受溢油事故影响的海域敏感目标分为环境敏感目标和社会敏感目标两类。

环境敏感目标主要指海域中分布的自然保护区、海洋保护区、水产种质资源保护区、鱼类“三场”、鱼虾类洄游通道等环境敏感资源。

社会敏感目标主要指溢油事故发生后可能产生社会影响的沿海岸线，以沿海县区人口密度表征受影响程度。

参考《水上溢油环境风险评估技术导则》（JT/T 1143—2017）、《船舶污染海洋环境风险评价技术规范（试行）》中的资源敏感性分级方法，并综合专家打分法的分析结果，对研究区域内各类海域敏感目标的水域敏感指数进行赋值，如表 3-3 所示。

表 3-3 海域敏感目标水域敏感指数赋值

种类	海域敏感目标	赋值	备注
环境敏感目标	国家级自然保护区	100	
	省级自然保护区	70	
	国家级水产种质资源保护区	60	
	市县级自然保护区	40	
	鱼类“三场”	30	
	鱼虾类洄游通道	20	
社会敏感目标	沿海县区人口密度	10，20，30，40，50	将海域单元按其临近县区的人口密度划分为五等份分级赋值
其他	普通水域	5	

3.2.4.2　溢油污染风险指数

在溢油事故风险指数的基础上，综合考虑环境敏感目标和社会敏感目标的敏感程度，利用风险矩阵将空间单元的溢油事故风险指数和水域敏感指数相叠加，得出溢油污染风险指数，表征海域受溢油污染影响程度。溢油污染风险指数公式如下：

$$\mathrm{CP}=H_{综} \times M \tag{3-15}$$

式中：CP——溢油污染风险指数；

M——水域敏感指数。

为便于溢油污染风险布局的辨识与分析，研究过程中将溢油污染风险指数按大小顺序排列；前 10% 的区域定义为高风险区；10%～25% 为较高风险区；25%～50% 为中等风险区；50%～75% 为较低风险区；其余为低风险区。根据风险等级，对不同海域提出针对性的风险管控措施。

3.3　基于溢油随机模拟的高时空分辨率溢油风险分析方法

针对溢油事故在发生时间、地点、规模等方面的不确定性，本节提出基于溢油随机模拟的区域尺度、面向多类型风险源的溢油风险空间分析方法。

3.3.1　技术方法

综合溢油预测模拟、风险分析、不确定性分析、地理信息空间分析等领域的理论方法，构建面向多类型风险源的区域尺度海上溢油风险评估方法，图 3-6 显示了主要组成模块及技术路线。方法主要包含海洋动力学模型、溢油轨迹预报模型、溢油风险分析、溢油风险管控策略研究等 4 个模块。

该方法在地理信息空间分析技术、海洋动力学模型和溢油轨迹预报模型的基础上，将风险评估海域划分为若干地理空间单元，通过对溢油时间、地点和事故规模等输入参数的不确定性分析，实现溢油大样本情景模拟；在划分的地理空间单元上对大样本的情景模拟结果进行统计分析，获得每个地理空间单元上的溢油污染特征参数（溢油受污染概率、油膜厚度和最短到达时间等）；引入风险源系数来体现不同类型风险源间的事故概率差异；结合海域环境敏感程度分析，获得各空间单元的溢油事故风险指数和溢油污染风险指数，明确溢油风险的时空分布特征。上述模块的连接实现了不确定性条件下海域溢油风险的模拟与评估。

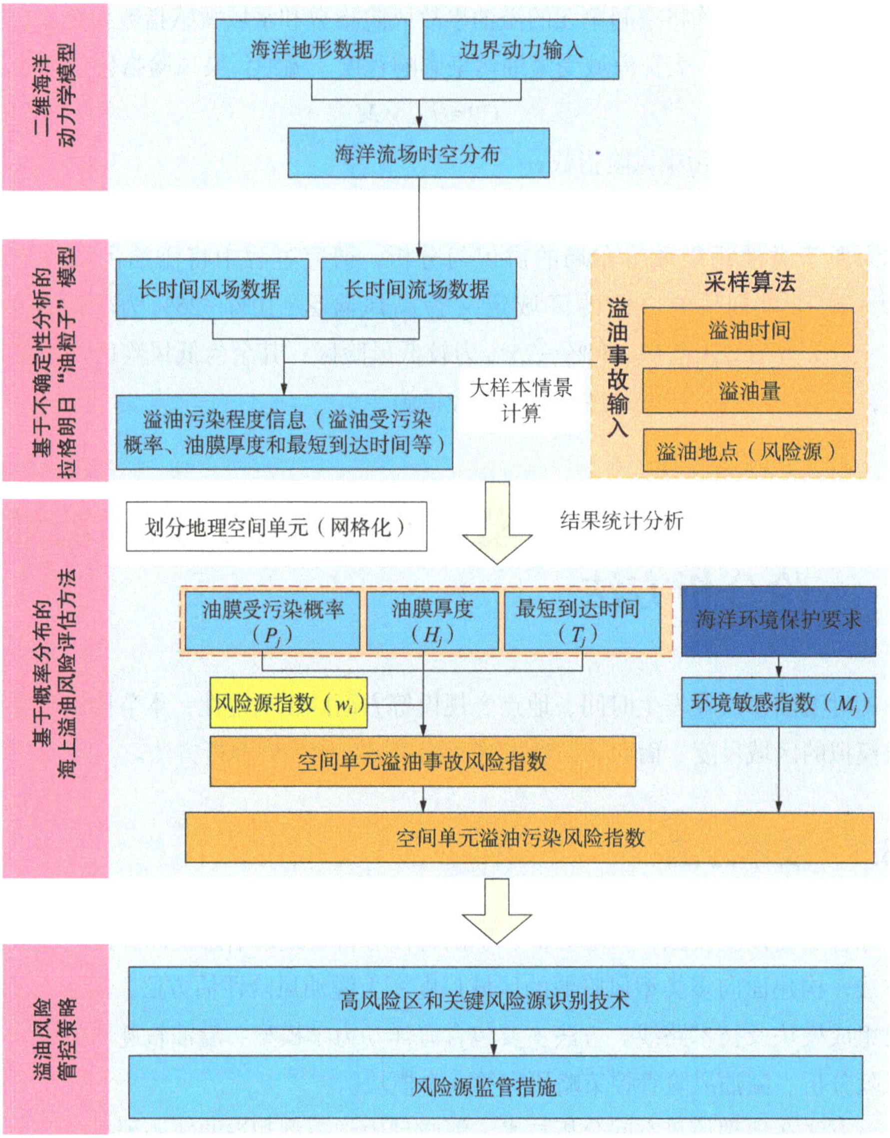

图 3-6　基于溢油随机模拟的高时空分辨率溢油风险分析方法技术路线

3.3.2　海洋动力模拟

采用非结构化三角形网格下 FVCOM 模式的二维模型，能够精细拟合复杂岸线，提供风险评估海域的海洋流场信息，为下一步的溢油轨迹预测模拟提供动力输入。模型的初始流速和初始潮位均设置为 0。模型边界分为开边界和闭边界，计算区域开边界水位按照潮位预报方法计算获得，计算区域水陆边界设置为闭边界条件，闭边界处的法向速度为 0。采用有限体积法对模型进行求解，获得计算区域长时间的潮位、流场等海洋信息。

3.3.3　溢油轨迹预测模拟

3.3.3.1　溢油轨迹预报模型

溢油在海洋环境下的运动经历着十分复杂的物理、化学和生物过程，可简略地概括为在对流作用下的整体位移和在湍流作用下的扩散以及在温度和风等环境条件下的风化。溢油持续时间较长的物理运动形式主要表现为对流输运和湍流扩散，通常称为“对流 - 扩散”问题。

本书采用基于拉格朗日追踪的“油粒子”模型对溢油漂移扩散过程进行预测模拟。模型中用大量的小油粒子表示污油，每个油粒子的运动受风和潮流驱动。每个时间步长中，油粒子先随着水流运动，然后再考虑风化等其他过程。通过对这些过程的模拟，油粒子的质量发生变化，数目也随时间而变化，每个油粒子的质量和运动轨迹均采用相对参考坐标系表示成与时间有关的函数，最后计算出水体中油粒子的分布。

溢油轨迹预报模型的输入为长时间的风场数据、由海洋动力模块计算获得的长时间流场数据以及大样本的溢油事故模拟情景，输出结果为溢油对周边海域的污染程度信息。

3.3.3.2　参数不确定性分析

由于溢油风险事故在发生时间、发生地点和事故规模等方面具有一定的不确定性，为全面描述溢油风险的可能后果，针对溢油风险评估中溢油时间、溢油地点和溢油事故规模等 3 个重要输入参数进行不确定性分析。对上述参数在可能发生的区间内进行采样，得到大样本采样数，将其作为溢油模拟情景的输入数据，对每一个样本数均进行模型运算并记录模拟结果，最后对所有大样本数的模拟结果进行统计分析。

1）溢油发生时间

由于溢油在水面的迁移扩散运动主要受水文气象的影响，因此，溢油发生时间的采样空间主要受制于水文、气象的采样时间长度。水文和气象两个参数各有其相对稳定的时间周期范围，应选择两者中的较大时间范围作为溢油发生时间的采样空间。溢油发生时间可在上述时间范围内进行大样本情景随机采样。对于溢油发生时间的随机采样，可以等同于对水文、气象等条件的随机采样。

2）溢油发生地点

根据评估海域的海洋开发活动和海洋经济产业的现状及相关规划，识别可能发生溢油事故的基础设施或地点作为事故地点的采样空间。在上述采样空间内对溢油发生地点进行采样或全部穷举，依次输入溢油轨迹预报模型。若采用采样方式，应保证采样空间内的溢油点分布规律被完整地体现。

3）溢油事故规模

将评估海域范围内风险源自身的特征和事故统计相结合来确定溢油事故规模采样空间，如考虑油品储罐容量、油轮舱容、石油平台产量等推算可能发生的最小溢油量和最大溢油量，从而得出溢油规模的采样空间，并采用随机采样法在此空间内进行大样本随机采样。需要保证足够的样本数，以体现溢油事故规模在空间内的分布规律。

3.3.3.3 溢油轨迹预测模拟

通过上述 3 个参数的随机采样，实现了输入参数的不确定性选择。结合拉格朗日“油粒子”追踪海上溢油预报模型，进行溢油事故大样本情景模拟计算，得到溢油受污染概率、最短到达时间、油膜体积、油膜厚度等污染程度信息。

3.3.4 海域空间单元划分

综合考虑风险评估海域港口空间布局、溢油应急物资覆盖范围以及海域溢油风险水平和溢油应急时空要求等因素，将风险评估海域划分为矩形空间单元。为表征风险的空间分布特征，所有风险评估指标的计算分析均基于地理空间单元进行。

3.3.5 溢油风险指数

3.3.5.1 大样本情景模拟结果统计分析

由于通过拉格朗日“油粒子”模型计算得到的溢油污染程度信息是三角网点状数据，因此首先基于 ArcGIS 空间插值功能，将模型计算得到的溢油污染频次、油膜体积、厚度、到达时间等点状数据面状化，并转换为基于空间网格的栅格数据，然后利用空间提取功能将上述信息提取到划分的地理空间单元内，基于划分的地理空间单元进行大样本情景模拟结果的统计分析，最终获得空间单元的溢油受污染概率、油膜厚度、最短到达时间等参数。

$$P_{ij} = \frac{N_{ij}}{N} \times 100\% \tag{3-16}$$

$$H_{ij} = \max\left(\frac{V_{ij}}{A_j}\right) \tag{3-17}$$

$$T_{ij}=\min(t_{ij}) \tag{3-18}$$

式中：P_{ij}——第 i 个风险源对第 j 个空间单元的污染概率；

N_{ij}——第 i 个风险源对第 j 个空间单元的污染次数；

N——第 i 个风险源进行溢油事故预测模拟的大样本次数；

H_{ij}——第 i 个风险源在第 j 个空间单元大样本模拟后污染的最大油膜厚度；

V_{ij}——第 i 个风险源在第 j 个空间单元大样本模拟后污染的溢油体积；

A_j——空间单元 j 的面积；

T_{ij}——第 i 个风险源溢油到达第 j 个空间单元的最短时间；

t_{ij}——第 i 个风险源溢油到达第 j 个空间单元的时间。

3.3.5.2　溢油污染风险指数

针对多类型溢油风险源，以各风险源（溢油地点）为对象依次统计溢油污染风险指数，并将所有风险源指数相加，得到海域空间单元的溢油污染风险指数。

针对每个空间单元，引入污染概率、油膜最大厚度和最短到达时间 3 个指标，综合得到溢油事故风险指数。对第 i 个风险源，空间单元 j 上的溢油事故风险指数计算公式如下：

$$C_{ij} = \sqrt[3]{P_{ij} \times H_{ij}' \times T_{ij}'} \tag{3-19}$$

$$H_{ij}' = \frac{H_{ij} - \min(H_i)}{\max(H_i) - \min(H_i)} \tag{3-20}$$

$$T_{ij}' = \begin{cases} \dfrac{\max(T_{ij}) - T_{ij}}{\max(T_{ij}) - \min(T_{ij})} & T_{ij} \neq 0 \\ 0 & T_{ij} = 0 \end{cases} \tag{3-21}$$

式中：C_{ij}——第 i 个风险源在第 j 个空间单元的溢油事故风险指数；

H_{ij}' ——标准化最大油膜厚度；

T_{ij}' ——标准化最短到达时间。

计算时需要对溢油模型数值模拟提供的油膜厚度（H_{ij}'）和最短到达时间（T_{ij}'）分别进行正向和负向极差标准化，使其值保持在 0～1 之间。在此基础上，可以比较各风险源的溢油事故风险指数的特征，并将其叠加，得到综合溢油事故风险指数。

综合考虑溢油事故风险指数、海域敏感指数等，可以获得溢油污染风险指数，以表征溢油对空间单元造成的污染风险大小。

$$R_{ij}=p_i \times C_{ij} \times M_j \tag{3-22}$$

式中：R_{ij}——第 i 个风险源在第 j 个空间单元的溢油污染风险指数；

p_i——第 i 种风险源发生事故的相对概率，即第 i 个风险源发生的溢油事故次数占区域所有风险源溢油事故总数的比例，可分类型依据事故历史统计获得；

M_j——第 j 个空间单元的环境敏感指数，综合考虑区域环境敏感目标分布、敏感目标自身的重要性等因素并结合现行标准规划及专家打分确定，可参考表 3-3。

将各风险源在每个空间单元的溢油污染风险指数叠加，得到各风险源的溢油污染风险指数总值（rs_i）：

$$\mathrm{rs}_i=\sum_{j=1}^{n} R_{ij} \tag{3-23}$$

将每个风险源的相应空间单元的溢油污染风险指数叠加，即可得到海域内多类型风险源下的综合溢油污染风险指数。

$$\mathrm{re}_j=\sum_{i=1}^{m} R_{ij} \tag{3-24}$$

式中：re_j——第 j 个空间单元上多类型风险源下的综合溢油污染风险指数。

3.3.5.3 溢油风险管控策略

溢油风险管控策略的制定主要指通过对溢油事故风险指数、溢油污染风险指数两个评估指标的敏感度分析识别关键风险源和风险敏感区域，设计风险管控措施并分析其管控效果。

1）风险区划分

基于 GIS，分析其中集中连片分布的高风险区；分析各风险源对各高风险区的影响，从而明确各高风险区对应的关键风险源和各主要风险源影响的风险敏感区。

2）关键风险源识别与管控

通过综合溢油污染风险指数总值排序识别全海域的关键风险源，通过高风险区的综合溢油污染风险指数总值识别各高风险区的关键风险源。据此可设计撤销单个或多个风险源及管控单个或多个风险源等管控策略，开展其对特定高风险区和全海域溢油风险分布以及风险等级的管控。

3.4　基于空间单元的内河溢油风险分析方法

3.4.1　技术方法

内河水域船舶溢油风险分析方法在内河水域空间单元划分的基础上，基于运输船舶的规模与分布，考虑区域溢油历史事故、气象水文、通航状况、海事监管水平、水域敏感目标等信息，综合运用统计分析和地理信息技术进行分析。总体技术路线如图 3-7 所示。

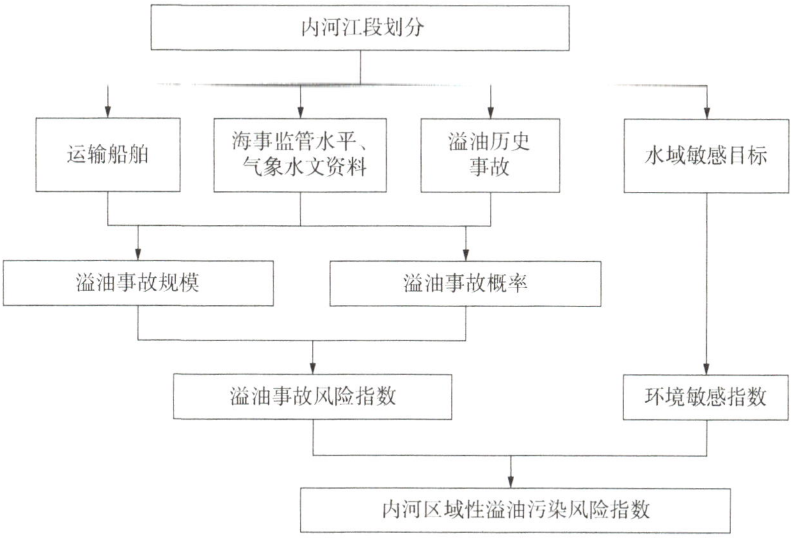

图 3-7　内河区域性溢油风险评估方法研究技术路线

考虑内河水域特点，以江段作为划分的空间单元，用作溢油风险评估指标统计和分析的基础单元。基于区域海事统计资料、船舶流量数据、溢油历史事故数据、气象水文条件、海事监管水平、通航条件、港口发展等因素，确定各江段溢油事故规模和事故概率。结合水域环境敏感目标分布情况，获得各江段溢油事故风险指数和溢油污染风险指数，明确溢油风险分布特征。

3.4.2 内河水域江段划分

与沿海相比，内河区域水流方向较为单一；发生溢油事故后，水面溢油漂移扩散方向较为单一。因此，内河溢油风险水平在横向上差异较小，在纵向上差异较大。研究中将内河水域按长度划分为多个江段，每个江段作为一个评价单元，用以表现内河溢油风险空间分布的差异性。

江段划分是内河水域现状调查、风险计算与分析的基础，划分的江段应能体现风险评估水域港口的空间布局、各海事机构的管辖范围、内河区域溢油风险水平等要素的空间差异。

江段划分时遵循以下原则。

①管辖单一原则：尽量维持海事机构管理辖区现有界线情况，江段不应兼属两个或多个海事机构管理。

②管理便捷原则：监管对象分布、执法资源及设备分布力求平衡，江段内的应急力量和执法资源应当能够满足在限定的时间内到达的要求。

③无缝衔接原则：江段之间的边界应无缝衔接，不遗漏、不重叠。

④差异化原则：江段应能够体现各海事机构管辖水域溢油风险水平等要素的空间差异，能够体现港口的空间布局、溢油应急设备库覆盖范围、水上活动强度以及区域溢油风险水平和溢油应急时空要求的差异。

划分江段时，可以采用等长度江段或不规则江段。等长度江段可以充分反映风险评估水域不同江段的溢油风险水平，各江段风险评估结果之间可进行比较与排序，便于对高风险水域加强管理。不规则江段长度各不相同，主要考虑各海事机构的管辖范围，便于各海事机构对辖区水域进行管理。采用不规则江段进行风险分析难以准确反映不同江段风险的空间差异。因此，为便于在同一尺度下比较不同江段溢油风险，本书将结合风险评估水域范围，进行等长度江段划分。

3.4.3 溢油事故风险指数

3.4.3.1 溢油事故规模分析

根据划分江段上主力船型 1 个货油边舱或燃油舱的油全部泄漏预测最可能发生的溢油事故规模。不同吨级油船、集装箱船和散货船的货油和燃油舱的单舱载油量通过航运企业调研得到；缺少实际调研数据时，可参考《水上溢油环境风险评估技术导则》（JT/T 1143—2017）附录 C。

3.4.3.2 溢油事故概率分析

溢油事故概率可通过溢油历史事故分析得到或建立溢油事故概率评价指标体系求解。

1）溢油历史事故分析

根据各江段上船舶溢油历史事故数据，采用统计分析法、概率论方法或 2.3 节介绍的其他溢油事故概率计算方法求解各江段溢油事故概率。

2）溢油事故概率评价指标体系

溢油事故概率旨在评估区域溢油事故发生的可能性，参考《水上溢油环境风险评估技术导则》（JT/T 1143—2017）、《通航安全评估管理办法》等相关法规标准以及国内外相关文献资料，建立区域船舶溢油事故概率评价指标体系，运用层次分析法对溢油事故概率指数进行计算。需要指出的是，通过溢油事故概率评价指标体系求解的溢油事故概率为相对概率值，表征了各江段发生船舶溢油事故可能性的相对大小。

溢油事故概率评价指标体系旨在对区域风险影响因素进行深入系统的综合分析，明确区域溢油风险的特点，识别主要的风险要素。船舶溢油的主要影响因素一般包括自然因素、通航因素、船舶货物因素、港口码头因素、管理因素。

该指标体系可分为目标层、准则层和指标层。其中准则层分为自然条件、通航条件、船舶港口、管理和溢油历史事故等方面，指标层对各准则层进行了深化（如表 3-4 所示）。

表 3-4 内河区域性船舶溢油概率评价指标体系

目标层	准则层	指标层	指标计算方法
内河船舶溢油事故概率指数	自然条件	流速	年最大水流速度（m/s）
		风速	年最大风速（m/s）
		雾日	年雾日总天数（d）
	通航条件	船舶流量	船舶流量监测数据或船舶进出港总艘次数据
		航道宽度	航道平均宽度（m）
		航道水深	可航水深（m）
		桥梁数量	数量（个）
		船闸数量	数量（个）
		锚地数量	数量（个）
		通航风险区域数量	通航风险区域数量 = 沙洲数量 + 险滩数量 + 弯道数量 + 暗礁数量 + 水上、水下施工作业工程数量
	船舶港口	船舶吨位	船舶载重吨（t）
		油品运输量	散装油品货物总数量（含进港、出港、中转、过境，单位为 t）
		船舶安全状况	船舶安全状况 =［航行安全检查缺陷数量 + 危险品安全及防污染（通用）检查缺陷数量 + 油船、化学品船和液化气体船检查缺陷数量 + 防污染（油船、化学品船和液化气体船）检查缺陷数量 + 报警数量］/ 船舶流量
		船员素质	违反海事管理秩序的处罚事项数量（件）
		码头数量	码头总数量（个）
		危险码头数量	危险码头数量（个）
	管理	巡航时间	巡航时间 = 江段所属海事机构辖区总巡航时间 / 辖区江段总长度，单位为 h
		船舶交通管理系统（VTS）监管	VTS 覆盖率 =VTS 覆盖的江段长度 / 总长度，单位为 %
		航标	数量（个）
	溢油历史事故	溢油历史事故频率	单位为起 /a。没有发生过溢油事故的江段的溢油事故频率取值参考发生过溢油事故的相似区域

在数据处理时，为避免指标数量级和量纲造成的影响，应对各评价指标的统计值进行标准化。其中自然条件、船舶港口以及通航条件中的通航风险区域数量及溢油历史事故采用“正归一”方法，即统计指标越大，标准化后的指标值越大。对于

通航条件中的其他指标及管理指标，采用“反归一”方法，即统计指标越大，标准化后的指标值越小。

选取各项指标的最大值和最小值时，应选取所有江段的最大值和最小值。若要针对某个地区（市）范围内的各江段溢油风险进行评价，应选取该地区范围内各江段相应指标的最大值和最小值。若要针对某个流域（如长江、珠江）范围内的各区域溢油风险进行评价，应选取该流域范围内各区域相应指标的最大值和最小值。

采用层次分析法确定指标权重，具体过程可参见 3.2.3 节相关内容。

经过专家咨询，利用层次分析法确定上述各项指标的权重，结果如表 3-5 所示。其中，通航条件的权重最大，即对船舶溢油风险影响最大。自然条件权重最小，即对船舶溢油风险影响最小。

表 3-5　内河区域性溢油概率评价指标体系权重

目标层	准则层	权重	指标层	权重
内河船舶溢油事故概率指数	自然条件	0.124 5	流速	0.056 0
			风速	0.039 7
			雾日	0.028 9
	通航条件	0.286 7	船舶流量	0.068 9
			航道宽度	0.044 9
			航道水深	0.046 6
			桥梁数量	0.029 1
			船闸数量	0.020 9
			锚地数量	0.019 1
			通航风险区域数量	0.057 2
	船舶港口	0.201 7	船舶吨位	0.012 5
			油品运输量	0.040 6
			船舶安全状况	0.044 4
			船员素质	0.046 6
			码头数量	0.013 4
			危险码头数量	0.044 2
	管理	0.251 3	巡航时间	0.043 7
			VTS 监管	0.142 4
			航标	0.065 2
	溢油历史事故	0.135 8	溢油历史事故频率	0.135 8

对各项指标进行加权求和，即可得到溢油事故概率指数，从而对每个江段的溢油事故风险进行综合评价。溢油事故概率指数（P）反映了各区域发生船舶溢油事故的可能性，P 越大，说明区域溢油事故发生的可能性越大。假设指标 i 的权重为 w_i，标准化后的指标值为 s_i，则溢油事故概率指数为

$$P=\sum w_i \times s_i \tag{3-25}$$

3.4.3.3 溢油事故风险指数

将溢油事故规模（E）与溢油事故概率指数（P）相乘，得到各江段上的船舶溢油事故风险指数。

$$H=E \times P \tag{3-26}$$

3.4.4 溢油污染风险指数

3.4.4.1 环境敏感程度分析

综合考虑内河水域生态敏感资源分布、敏感资源本身的重要性以及溢油事故对敏感资源造成的危害性，确定敏感目标的水域环境敏感指数。根据内河水域的特点，参考《水上溢油环境风险评估技术导则》（JT/T 1143—2017），采用专家打分法对各类内河敏感目标的敏感程度进行评分。对各区域环境敏感程度得分采用“正归一”方法标准化后，得到部分区域的环境敏感指数（如表 3-6 所示）。

表 3-6 内河水域敏感目标环境敏感指数赋值

敏感目标	国家级自然保护区或饮用水水源保护区	省级自然保护区	国家级水产种质资源保护区	鱼类“三场”	鱼虾类洄游通道	其他水域
赋值	100	70	60	30	20	5

3.4.4.2 溢油污染风险指数

综合考虑溢油事故概率、溢油事故规模、环境敏感目标的敏感程度，将江段的溢油事故规模（E）、溢油事故概率指数（P）和环境敏感指数（M）相乘，计算溢油污染风险指数（CP），计算公式如下：

$$\mathrm{CP}=E \times P \times M \tag{3-27}$$

式中：CP——江段溢油污染风险指数；

E——溢油事故的规模；

P——溢油事故概率指数；

M——江段环境敏感指数。

将溢油污染风险指数按大小顺序排列，划定不同等级的溢油风险水域。根据区域不同的风险等级，提出具有针对性的风险管控措施。

3.5　小结

溢油风险分析的基本思路是分析可能发生的溢油事故规模与概率，并对事故可能造成的后果进行预测评估。以水上溢油事故发生概率及其危害后果的乘积表示水上溢油环境风险值，将其与风险准则进行比较，判定溢油风险可接受程度。这种方法主要适用于水运工程项目的风险评估，其无法反映溢油风险的空间分布特征，对不同区域水运工程项目的风险也难以进行直接比较。基于地理空间单元的溢油风险分析方法将风险分析的结果在地理空间上体现出来，能够描述溢油风险在时间和空间上的累积和差异，适用于区域尺度溢油风险评估。这种方法能够综合反映区域通航条件、船舶类型与等级、油品运输量、气象条件、海事管理、环境敏感目标等多方面因素对区域溢油风险的影响，具有较强的空间适用性。基于不确定性思想的溢油风险空间分析方法是针对溢油事故在发生时间、地点、规模等方面的不确定性，在风险空间分析的基础上，通过溢油事故大样本情景模拟，获得空间单元受溢油影响的概率、油膜厚度和最短到达时间等参数，实现区域尺度上溢油风险的精细化分析。由于需要开展溢油漂移预测，这种方法需要较大的计算资源，因此主要适用于区域尺度，在全国海域上的应用还需要进一步优化。

第4章 溢油风险分析应用实践

本章主要介绍不同的溢油风险分析方法的应用实践。

4.1 案例一：港口码头溢油风险分析应用实践

4.1.1 区域概况

港口码头溢油风险分析以沿海某港口作业区为例。该作业区已建泊位4个，包括1个30万t级原油码头、1个10万t级油码头和5 000 t级、2万t级液体散货码头各1个。按照2012年有关数据分析。

4.1.2 风险因素

4.1.2.1 风险源分析

作业区建有10万t级、30万t级大型油品码头，靠泊油轮油品载运量大，潜在溢油风险较高。港口吞吐量的增加以及码头的建成投入使用将进一步增加作业区周边水域的船舶流量，进而增加了船舶交通事故的风险。

4.1.2.2　环境因素

环境因素包括通航环境、风和潮流等。繁忙的交通和恶劣的气象条件因素都会增加船舶溢油事故的风险。横风、横流较大时，易发生船舶溢油事故。

4.1.2.3　船舶因素

船舶进出港时，不论满载还是压载，其载重状况将会在一定程度上造成船舶操纵困难，容易导致溢油事故发生。此外，船速是影响船舶航行安全的重要因素之一。

4.1.3　分析结果

4.1.3.1　事故发生频率

根据该区域 15 年船舶污染事故统计资料，共发生 16 起船舶溢油污染事故，全部为操作性事故，平均每年发生 1.07 起（如表 4-1 所示）。按泄漏量等级统计，小于 1 t 的污染事故共 15 起，占事故总数的 93.8%；只发生过 1 起泄漏量为 1.5 t 的操作性污染事故。

表 4-1　操作性污染事故发生频率一览　　单位：起 /a

事故类型	事故原因	<1 t	1～9 t	10～49 t	50～100 t	频率合计
操作性事故	操作错误	0.6	0.07	0	0	0.67
	工艺性泄漏	0.4	0	0	0	0.40
	小计	1	0.07	0	0	1.07

4.1.3.2　可能最大的操作性污染事故溢油量

操作性溢油事故的原因主要包括加燃油时冒舱、管线脱落或损坏、船员违章排放、误开污油阀、船舶设备故障发生漏油风险等。按照《水上溢油环境风险评估技术导则》（JT/T 1143—2007），4 个泊位可能最大的操作性事故泄漏量如表 4-2 所示。

表 4-2 各码头可能最大的操作性污染事故泄漏量预测

码头名称	泄漏污染物	操作性污染事故泄漏量
30 万 t 级原油码头	原油（尼罗油、杰诺油、卡宾达油）	约 261 t
10 万 t 级油品码头	原油	约 125 t
2 万 t 级液体散货码头	油品（燃料油、汽油、柴油、基础油等）、化学品（醇类、丙烯等）	约 49 t
5 000 t 级液体散货码头	油品（燃料油、汽油、柴油、基础油等）、化学品（醇类、丙烯等）	约 21 t

4.1.3.3 可能最大的海难性溢油事故溢油量

主要根据主力船型的载油量，按照 1 个左右油舱油全部漏完，预测可能最大的海难性溢油事故的溢油量。作业区目前主要以靠泊 20 万～30 万 t 级船型为主，进出港船舶的平均实载率在 50% 左右。相较同吨位单壳船溢油量，双壳油轮溢油量可减少约 50%，则可能最大的海难性溢油事故的货油溢油量为 4 000～4 500 t。

4.1.3.4 对敏感目标影响的分析

采用随机模拟统计法预测分析溢油在水面上和水体中的可能扩散范围以及对评价区域中水产种质资源保护区、海洋自然保护区等环境敏感区的危害情况。将水文气象条件随机组合成多种情景（300 个）进行模拟，随机选取近 10 年任意时刻作为事故发生时间，用相对应的模拟流场和实测风场作为驱动场，进行事故的模拟，模拟时间取 96 h。随机溢油事故情景设置如表 4-3 所示。在每一次事故模拟时，均计算并记录各网格的油膜漂移经过时间、油膜浓度等数据，统计各网格信息，特别是溢油对环境敏感目标的影响概率、溢油污染岸线的概率、最快影响时间和油膜浓度分布等信息。

表 4-3 随机溢油事故情景参数

位置	泄漏量 /t	泄漏物质	事故类型
2 万 t 级码头前沿	49	燃料油	操作性
10 万 t 级码头前沿	125	原油	操作性
5 000 t 级码头前沿	200	燃料油	海难性
2 万 t 级码头前沿	400	燃料油	海难性
10 万 t 级码头前沿	6 000	原油	海难性
30 万 t 级码头前沿	10 000	原油	海难性
30 万 t 级码头航道	10 000	原油	海难性
航道锚地密集处	10 000	原油	海难性

按照计算情景进行模拟，并将计算结果与环境敏感目标进行叠加分析，各风险源发生溢油事故后易受影响的环境敏感目标如表 4-4 所示。可以看出，港区内部发生溢油事故后，溢油经过 20 h 到达周边环境敏感区域，有较为充裕的时间进行溢油应急准备。开阔海域发生溢油事故后，5 h 内便有可能影响周边的环境敏感资源，事故发生后应尽快开展溢油围控清除工作。

表 4-4 事故发生后易受影响的环境敏感目标

事故发生地点	易受影响的环境敏感目标
5 000 t 级码头前沿	位于港池内部，对周边环境敏感目标影响总体较小；易对周边滩涂养殖区、赶海园造成影响，污染物最短到达时间约为 20 h
2 万 t 级码头前沿	
10 万 t 级码头前沿	
30 万 t 级码头前沿	极易对滩涂养殖区、赶海园造成影响，污染概率约为 10%；发生污染事故后，污染物最短到达时间约为 10 h
30 万 t 级码头航道	极易对周边的水产种质资源保护区造成影响，污染概率约为 10%，污染物最短到达时间约为 10 h；易对保护区、滩涂养殖区、赶海园造成影响，污染概率约为 5%；污染物到达滩涂养殖区的最短时间为 5 h，到达保护区、赶海园的最短时间为 10 h
航道锚地密集处	易对评价范围内多数的环境敏感目标造成影响，污染概率约为 5%；污染物到达水产种质资源保护区、保护区及赶海园的最短时间为 5 h，到达其余环境敏感目标的最短时间约为 10 h

4.1.3.5 风险指数计算

通过对码头前沿操作性溢油事故情景模拟的预测结果进行汇总，并结合区域环境敏感程度，可以计算操作性溢油事故危害指数（结果如表 4-5 所示）。

表 4-5 操作性溢油事故危害指数

溢油位置	溢油规模	敏感目标		受污染概率（P_i）/%	最短到达时间 /h	敏感指数（S_i）	危害指数（$P_i \times S_i$）
2 万 t 级码头前沿	49 t	渔业资源利用和养护区	水产种质资源保护区	0.3	90	0	0.06
			保护区	0.2	100	5	0.01
			滩涂养殖区 1	1	55	5	0.05
			滩涂养殖区 2	0.3	120	5	0.015
		海洋保护区	海洋自然保护区	0.3	120	20	0.06
		旅游区	赶海园 1	2	55	5	0.1
			赶海园 2	0.3	120	5	0.015
综合危害后果指数 $C=\lg A+\sum(P_i \times S_i)$							1.96

续表

溢油位置	溢油规模	敏感目标		受污染概率（P_i）/%	最短到达时间 /h	敏感指数（S_i）	危害指数（$P_i \times S_i$）
10 万 t 级码头前沿	125 t	渔业资源利用和养护区	水产种质资源保护区	0.5	75	20	0.1
			保护区	0.5	85	5	0.025
			滩涂养殖区 1	3	40	5	0.15
			滩涂养殖区 2	0.3	120	5	0.015
		海洋保护区	海洋自然保护区	0.5	120	20	0.1
		旅游区	赶海园 1	5	40	5	0.25
			赶海园 2	0.3	120	5	0.015
综合危害后果指数 $C=\lg A+\sum(P_i \times S_i)$							2.75

2 万 t 级液体散货码头前沿及 10 万 t 级油品码头前沿发生操作性溢油事故后，对周边环境敏感目标造成的危害等级分别为 1 级和 2 级，事故危害后果为较小和一般。

对海难性溢油事故（海难性溢油事故情景危害指数如表 4-6 所示），港区内 5 000 t 级及 2 万 t 级液体散货码头发生海难性溢油事故的危害等级为 4 级，即如果未能采取适当的措施开展溢油应急，溢油事故将有可能对周边的环境敏感资源造成重大影响。对 10 万 t 级码头前沿、30 万 t 级码头前沿以及开阔海域 30 万 t 级码头航道和东部海域航道锚地密集处发生的海难性溢油事故，一方面溢油量可能较大，另一方面开阔海域的风场和水动力条件有利于污染物的漂移扩散，风险源与环境敏感目标的距离又相对较近，事故危害等级为 5 级，即海面溢油将有可能对周边的环境敏感资源造成灾难性的影响。

表 4-6　海难性溢油事故情景危害指数

溢油位置	溢油规模	敏感目标		受污染概率（P_i）/%	最短到达时间 /h	敏感指数（S_i）	危害指数（$P_i \times S_i$）
5 000 t 级码头前沿	200 t	渔业资源利用和养护区	水产种质资源保护区	3	45	20	0.6
			保护区	3	50	5	0.15
			滩涂养殖区 1	3	20	5	0.15
			滩涂养殖区 2	0.5	120	5	0.025
		海洋保护区	海洋自然保护区	3	100	20	0.6
		旅游区	赶海园 1	3	20	5	0.15
			赶海园 2	0.5	120	5	0.025
综合危害后果指数 $C=\lg A+\sum(P_i \times S_i)$							4.0

续表

溢油位置	溢油规模	敏感目标		受污染概率（P_i）/%	最短到达时间 /h	敏感指数（S_i）	危害指数（$P_i \times S_i$）
10 万 t 级码头前沿	6 000 t	渔业资源利用和养护区	水产种质资源保护区	3	50	20	0.6
			保护区	3	60	5	0.15
			滩涂养殖区 1	7	20	5	0.35
			滩涂养殖区 2	0.5	120	5	0.025
		海洋保护区	海洋自然保护区	3	100	20	0.6
		旅游区	赶海园 1	7	20	5	0.35
			赶海园 2	0.5	120	5	0.025
综合危害后果指数 $C=\lg A+\sum(P_i \times S_i)$							5.88
30 万 t 级码头前沿	1 万 t	渔业资源利用和养护区	水产种质资源保护区	3	15	20	0.6
			保护区	3	15	5	0.15
			滩涂养殖区 1	10	10	5	0.5
			滩涂养殖区 2	3	60	5	0.15
		海洋保护区	海洋自然保护区	3	60	20	0.6
		旅游区	赶海园 1	10	10	5	0.5
			赶海园 2	3	60	5	0.15
综合危害后果指数 $C=\lg A+\sum(P_i \times S_i)$							6.65
30 万 t 级码头、航道	1 万 t	渔业资源利用和养护区	水产种质资源保护区	10	10	20	2
			保护区	5	10	5	0.25
			滩涂养殖区 1	5	5	5	0.25
			滩涂养殖区 2	3	10	5	0.15
		海洋保护区	海洋自然保护区	3	10	20	0.6
		旅游区	赶海园 1	5	5	5	0.25
			赶海园 2	3	10	5	0.15
综合危害后果指数 $C=\lg A+\sum(P_i \times S_i)$							7.65
东部海域航道锚地密集处	1 万 t	渔业资源利用和养护区	水产种质资源保护区	5	5	20	1
			保护区	5	5	5	0.25
			滩涂养殖区 1	5	10	5	0.25
			滩涂养殖区 2	5	10	5	0.25
		海洋保护区	海洋自然保护区	5	5	20	1
		旅游区	赶海园 1	5	5	5	0.25
			赶海园 2	5	10	5	0.25
综合危害后果指数 $C=\lg A+\sum(P_i \times S_i)$							7.25

4.1.3.6 风险评价结果

按照操作性污染事故概率划分标准（如表 4-7 所示）和操作性污染事故危害后果分类标准（如表 4-8 所示），对作业区操作性污染事故概率和事故危害后果进行划分，可以看出，作业区建成的油品码头和液体散货码头均处在高风险区（如图 4-1 所示）。

表 4-7 操作性污染事故概率划分标准

分类	说明	定义
P1	大	每 1 个工作年内发生 1 次事故
P2	中	每 1～5 个工作年发生 1 次事故
P3	小	每 5～10 个工作年发生 1 次事故

表 4-8 操作性污染事故危害后果分类标准

分类	描述语	详细说明
C1	较大	溢油量 50 t 以上，或造成的经济损失超过 500 万元，或对环境造成较大影响
C2	一般	溢油量 10～50 t，或造成的经济损失 100 万元以上、不足 500 万元，或对环境造成一般影响
C3	较小	溢油量 10 t 以下，或造成的经济损失不足 100 万元，或对环境影响不大

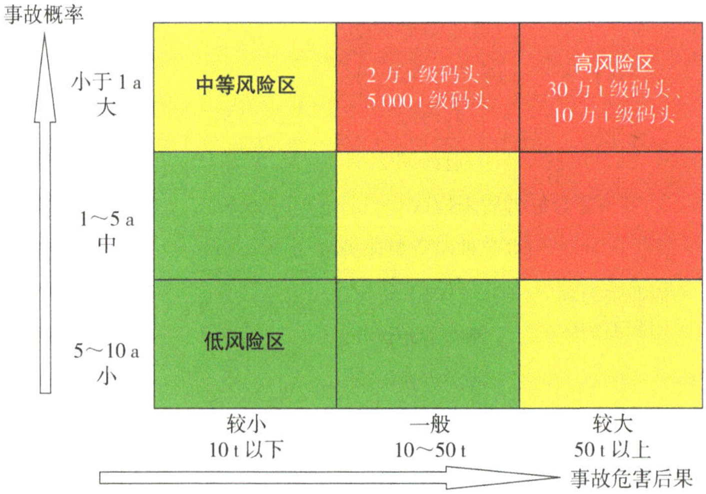

图 4-1 操作性污染事故风险评价矩阵

按照海难性污染事故概率划分标准和海难性污染事故危害后果分类标准，并通过风险评价矩阵进行评价，可以看出作业区货油和燃油污染事故处在高风险区，化学品污染事故处在中等风险区，评价结果如图 4-2 所示。

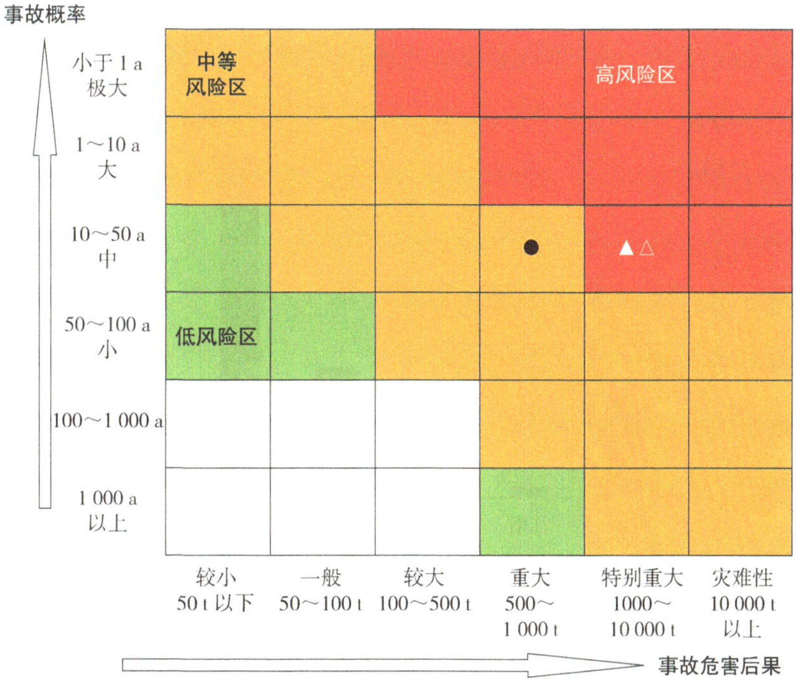

注：▲货油可能最大事故　△燃油可能最大事故　●化学品可能最大事故

图 4-2　海难性污染事故风险评价矩阵

4.2　案例二：内河市级水域溢油风险分析实践

4.2.1　区域概况

内河某市位于长江、沱江、赤水河、永宁河的交汇处，航道为三级航道，可通航千吨级船舶，航道里程共计 128.8 km。按照 2014 年有关数据分析。

4.2.2 风险因素

4.2.2.1 船舶类型

辖区进出港船舶艘次分布规律如图 4-3 所示。合江辖区进出港船舶艘次最多，龙马潭辖区和纳溪辖区有危险品船舶进出港，其余辖区均无危险品船舶。

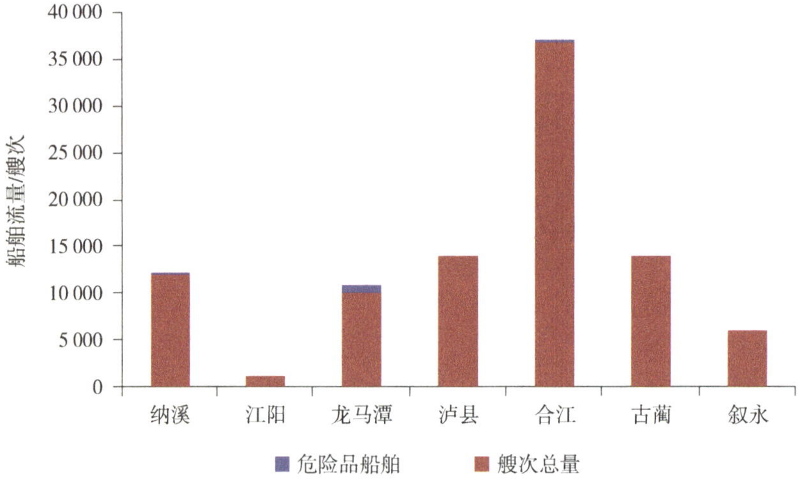

图 4-3 进出港船舶艘次统计

4.2.2.2 船舶吨位

纳溪、泸县和合江辖区进出港艘次最多的船舶类型为三类船舶，总吨在 300 t 以下。江阳和龙马潭辖区进出港艘次最多的船舶类型为二类船舶，总吨在 300～1 000 t 之间，纳溪和龙马潭辖区船舶总吨较高。

4.2.2.3 油品运输量

对该市各辖区船舶的油品运输量进行统计，发现龙马潭和纳溪辖区存在油品运输船舶。其中，龙马潭辖区进出港船舶油品运输总量为 395 382 t，纳溪辖区为 11 540 t。

4.2.2.4 船舶安全状况

对该市各辖区航行安全、危险品安全及防污染（通用）、油船、化学品船和液化气体船、防污染（油船、化学品船和液化气体船）检查缺陷数量进行统计，统计结果如图 4-4 所示。纳溪辖区的四类安全检查缺陷数量最多，合江辖区最少。

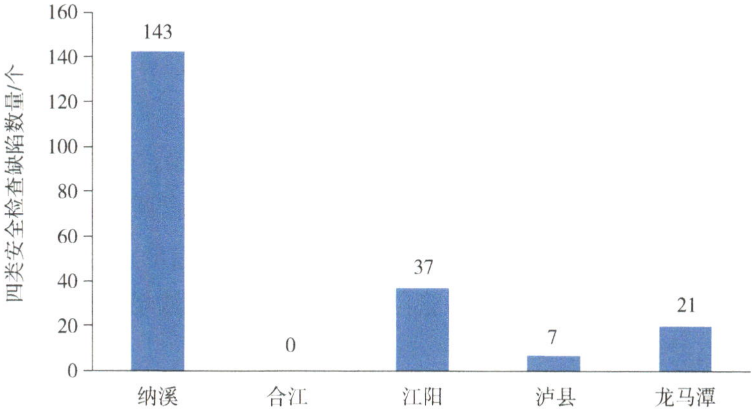

图 4-4 检查缺陷数量统计

4.2.2.5 船员素质

对各辖区船员违法事件处罚数量进行统计，用于评价辖区船员素质。其中，江阳辖区处罚数量最多，达 27 次。纳溪和泸县辖区次之，分别为 2 次和 1 次。合江和龙马潭辖区年度船员素质较好，均无处罚。

4.2.2.6 港口码头因素

区域内共有港口码头 48 个，其中合江辖区码头数量最多，共计 17 个。泸县辖区码头数量最少，仅 2 个。对各辖区的危险品码头和水上加油站数量进行统计，发现合江和龙马潭辖区危险品码头数量最多，均为 3 个。

4.2.2.7 通航环境因素

区域内共有 12 处沙洲险滩，其中合江辖区沙洲险滩数量最多，共 5 个，其次为龙马潭辖区，共有 4 个。

区域内共有桥梁 8 座，过江电缆 10 个。根据《泸州港总体规划》，泸州港共规划锚地 19 处，锚地总面积为 56 263 m^2，主要集中在长江水域，锚地分布较广，数量较多。

4.2.3 分析结果

4.2.3.1 事故规模分析

货油泄漏：考虑泄漏船舶为油船，近年来区域水域油船主力船型载重为 1 280 t。该船共有 8～10 个油舱，按照该吨位船舶货油装载 80% 推算，单次单舱最大溢油量约为 100 t。

燃油泄漏：假设某次溢油事故的事故船为一般散货船，按该类船型主力船型载重吨为 3 000～5 000 t 计算，溢出油品为船用燃油；根据调研，该类船型燃油舱一般为 2 个；根据该吨位船舶燃油舱容量推算，单次单舱最大溢油量为 60～100 t（内河船舶燃油装载量一般小于最大舱容的一半）。溢油事故规模为货油泄漏和燃油泄漏的最大值，为 100 t。

4.2.3.2 敏感目标分布

该市地处长江上游地区，区域水域内共分布有 5 个饮用水取水口，同时该段水域也是大量珍稀鱼类和动植物的栖息地，是长江上游珍稀特有鱼类国家级自然保护区所在地。这些环境敏感资源对保障人民饮用水安全和生态环境安全都具有重要意义。一旦船舶发生溢油事故，污染物将可能影响到区域内大部分水域；由于水流较快，应急反应若不及时，将给下游地区的饮用水取水口、旅游、养殖、生态环境造成重大影响。

4.2.3.3 评估结果

将风险评估的内河水域划分为 4 个江段，根据船舶溢油事故概率指数计算方法，综合考虑溢油事故规模和环境敏感度，计算各江段船舶溢油污染风险，结果如表 4-9 所示。

表 4-9 各辖区船舶溢油污染风险分布情况

区域	溢油事故概率指数	事故规模	敏感程度指数	总风险	江段长度 /km	单位江段溢油风险
江段 1	0.345 2	100	1.000 0	0.345 2	20	0.172 6
江段 2	0.362 8	100	1.000 0	0.362 8	21	0.172 8
江段 3	0.315 1	100	1.000 0	0.315 1	59	0.053 4
江段 4	0.262 3	100	0.952 4	0.249 8	13	0.192 1
平均	0.248 3	100	1.000 0	0.248 3	49	0.050 7

4.3 案例三：沿海市级水域溢油风险分析实践

4.3.1 区域概况

研究区域位于长江三角洲前缘，居我国大陆海岸线的中部、扼长江入海口，地处长江东西运输通道与海上南北运输通道的交汇点。市域外贸物资中 99% 经由港口进出，每年完成的外贸吞吐量占全国沿海主要港口外贸吞吐量的 20% 左右。

开展溢油风险分析时，以该区域海事网格化管理为基础，尽量维持辖区现有界线情况，使海域网格尽量不兼属两个或多个海事部门管辖范围。同时遵循无缝衔接原则，各单元网格之间的边界应无缝衔接，不遗漏、不重叠。在此基础上，结合辖区目前的海事管理情况，共划分为 2 232 个网格，除陆域网格外，辖区海域范围共包括 1 858 个网格。

4.3.2 风险因素

4.3.2.1 船舶情况

船舶交通流：船舶交通流是风险分析的基础，以辖区 2014 年船舶 AIS 数据为基础，对辖区的船舶溢油风险进行分析。考虑到船舶流量、船型构成等的季节差异，通过对 AIS 数据进行统计分析，得出 4 个典型月辖区船舶流量分布。辖区的船舶流量非常大，4 个典型月的船舶流量均超过 170 万艘次，10 月最高，达到 220 万艘次。在空间分布上，辖区船舶流量整体呈现距岸由近及远逐渐减少的趋势，超过 80% 的船舶集中在距岸 12 n mile 范围以内。近岸海域航道船舶流量明显较其他海域偏高；长江口深水航道海域，南槽航道下段、南支航道和 A、B 警戒区海域，以及洋山深水航道海域海上交通最为繁忙，4 个典型月的平均船舶流量都在 12 万艘次以上。

船舶平均吨位：根据辖区 AIS 数据，计算 4 个典型月各海域网格的船舶平均吨位。分析可知，辖区船舶的平均吨位在 800 总吨以下，10 月的船舶平均吨位最高，其次为 1 月和 4 月，7 月船舶平均吨位最低。崇明海事局、洋山海事局和金山海事局船舶平均吨位较高，吴淞海事局 10 月船舶平均吨位较其他典型月有较大幅度提高。

船舶安全状况：根据海事统计年鉴，辖区各海事部门全年对沿海 1 411 艘船舶进行了安全检查，发现事故预防缺陷，航行安全缺陷，油船、化学品船和液化气体船检查缺陷及防污染检查缺陷共 9 686 次。

油品运输量：辖区内的油品运输规模较大，10 月辖区的油品运输量最高，其次为 7 月和 4 月，1 月相对较低。辖区开阔海域是我国南北运输的海上中枢，过境船舶较多，油品的运输量也相对较大。

船员素质：对辖区海事违法行为中船员违法事件处罚数量进行统计，用于评价辖区船员素质。辖区全年船员处罚案件共 41 起。

4.3.2.2 自然条件

风、雾、潮流等自然条件是引起船舶溢油事故发生的重要因素。风对船舶有明显影响，会使船舶失速或增速，从而使船舶产生倾斜、漂移和偏转等现象，容易引起船舶溢油事故。雾是影响海面能见度的首要因素，对船舶航行有直接的重大影响，可能导致发生偏航、搁浅、触礁和碰撞的危险。大雾对船舶的航行影响较大，有可能因能见度差发生船舶相互碰撞的恶性事故。船舶在海上航行时受海浪、海流和潮流的影响。海浪越大，就越影响船舶航行安全。

4.3.2.3 码头数量

辖区内码头数量众多，沿海码头共有 146 座，其中靠泊能力大于 1 000 t 级的大型油品码头有 10 座。

4.3.2.4 通航条件

水深条件：辖区水深条件良好，沿海码头前沿水深基本可达到 10 m，距岸 5 n mile 处海域的平均水深基本可达到 20 m，能够满足大型船舶靠泊的需要；从电子海图提取辖区水深数据。

碍航物：碍航物的分布增加了通航条件的复杂性，船舶航行时若不能及时躲避碍航物，则可能导致触礁、搁浅、自沉等船舶海难事故的发生，增加溢油事故风险。根据电子海图，提取辖区海域内的暗礁、沉船、紊流以及其他障碍物的数量和位置信息。可以看出，辖区近岸海域暗礁和沉船数量较多，沉船在沿海各海事局辖区内均有分布。

4.3.2.5　海事监管

巡航时间：海事部门巡航时间为 41 082.04 h，其中在沿海水域共巡航 19 512.54 h，在沿海港区共巡航 21 569.50 h；辖区共划分有 1 858 个海域网格，单位网格的巡航时间为 22.11 h。

雷达电台覆盖率：辖区各海事部门在重要航路点上配置了 23 台雷达应答器，供船舶导航、定位，满足航行安全需要。每个雷达台站的覆盖范围按照 20 n mile 为半径进行计算，通过 GIS 进行缓冲区分析，可得到海域网格的雷达电台覆盖率。

航标数量：辖区航标系统主要由灯浮标、灯桩、灯船、灯塔等组成。重要航路点上设有灯塔或灯船，各条航道上设有灯桩、灯浮标等。本案例研究对辖区专用通用浮标、专用通用立标、侧面浮标、雾号、昼标、灯标、灯船等航标位置进行了数字化，并对各海域网格的助航设施进行了统计。

4.3.2.6　溢油历史事故

1983—2014 年，辖区海域共发生船舶溢油事故 989 起，事故发生频率总体呈下降趋势。其中，2005—2014 年，辖区共发生船舶溢油事故 96 起，平均每年发生 9.6 起。总溢油量为 1 487.55 t，单起事故平均溢油量约为 15.5 t。其中，2013 年发生在长江口东北海域的“达飞佛罗里达”号船舶溢油事故是事故规模最大的 1 起溢油事故，总溢油量约为 613 t。

4.3.3　分析结果

4.3.3.1　最可能发生溢油事故规模

根据主力船型的载油量，按 1 个左右油舱或燃油舱的油全部泄漏来预测最可能发生的溢油事故规模。首先根据船舶流量确定各海域网格的主力船型，再对油船和非油船单个油舱和燃油舱的载油量进行统计分析，确定各海域网格最可能发生的溢油事故规模。考虑到该港口是世界集装箱大港，且集装箱船单舱燃油量较同吨级的散货船大，因此对其他类型船舶按照集装箱船单舱载油量进行保守估算。该辖区水域是我国海上运输的枢纽，东侧开阔海域是南北海上运输的大通道，过往大型油轮较多。辖区最可能发生的溢油事故规模可达到 2 万 t。

4.3.3.2 事故概率指数计算

通过计算可知，4 个典型月中，1 月事故概率指数最低，事故概率指数的平均值为 0.23；10 月事故概率指数最高，为 0.36，主要是由于 10 月辖区船舶流量和油品运输量相对较大，增加了船舶溢油事故的风险。在空间分布上，事故概率指数较高的区域主要集中在船舶流量较大、通航环境较为复杂的区域，水深条件相对较好、船舶流量相对较低的辖区东侧、北侧的事故概率指数相对较低。再向外，在开阔海域，由于海上运输船舶流量的增加，加之缺少航标和助航导航设施，船舶发生溢油事故的概率也有所增加。

4.3.3.3 溢油事故风险

溢油事故风险是溢油事故规模及其概率的综合体现。溢油事故风险指数的平均值可以反映辖区溢油事故风险的总体水平。空间分布上，溢油事故高风险区主要集中在近岸海域和开阔海域，近岸海域溢油事故风险较高主要是由于船舶流量较大、水深条件相对开阔海域较浅。开阔海域事故风险较高主要是由于大型船舶较多，溢油事故规模较近岸海域大。船舶溢油高风险区分布在进出港航道等船舶流量大、通航条件复杂的水域。4 个典型月中，10 月的溢油事故风险最高，其次为 7 月、4 月和 1 月（如表 4-10 所示）。

表 4-10　辖区溢油事故风险指数统计

区域	1 月		4 月		7 月		10 月	
	最大值	平均值	最大值	平均值	最大值	平均值	最大值	平均值
区域 1	0.049	0.009	0.015	0.011	0.017	0.012	0.019	0.014
区域 2	0.014	0.010	0.015	0.012	0.017	0.013	0.019	0.016
区域 3	0.066	0.013	0.061	0.013	0.065	0.013	0.094	0.017
区域 4	0.060	0.015	0.069	0.016	0.077	0.017	0.088	0.021
区域 5	0.014	0.009	0.053	0.013	0.017	0.012	0.019	0.015
区域 6	0.065	0.038	0.075	0.036	0.082	0.045	0.094	0.052

4.3.3.4 溢油污染风险

在辖区溢油事故风险指数的基础上，考虑敏感目标的敏感程度，将网格的溢油事故风险指数和敏感指数相叠加，可以得出溢油污染风险指数（如表 4-11、图 4-5 所示）。

表 4-11　辖区溢油污染风险指数统计

区域	1 月		4 月		7 月		10 月	
	最大值	平均值	最大值	平均值	最大值	平均值	最大值	平均值
区域 1	0.245	0.047	0.076	0.053	0.083	0.060	0.093	0.070
区域 2	0.068	0.052	0.076	0.061	0.083	0.067	0.093	0.078
区域 3	0.330	0.066	0.303	0.065	0.325	0.065	0.471	0.085
区域 4	0.300	0.077	0.347	0.080	0.384	0.084	0.441	0.103
区域 5	0.068	0.047	0.266	0.063	0.083	0.062	0.093	0.073
区域 6	0.327	0.188	0.374	0.180	0.411	0.226	0.468	0.260

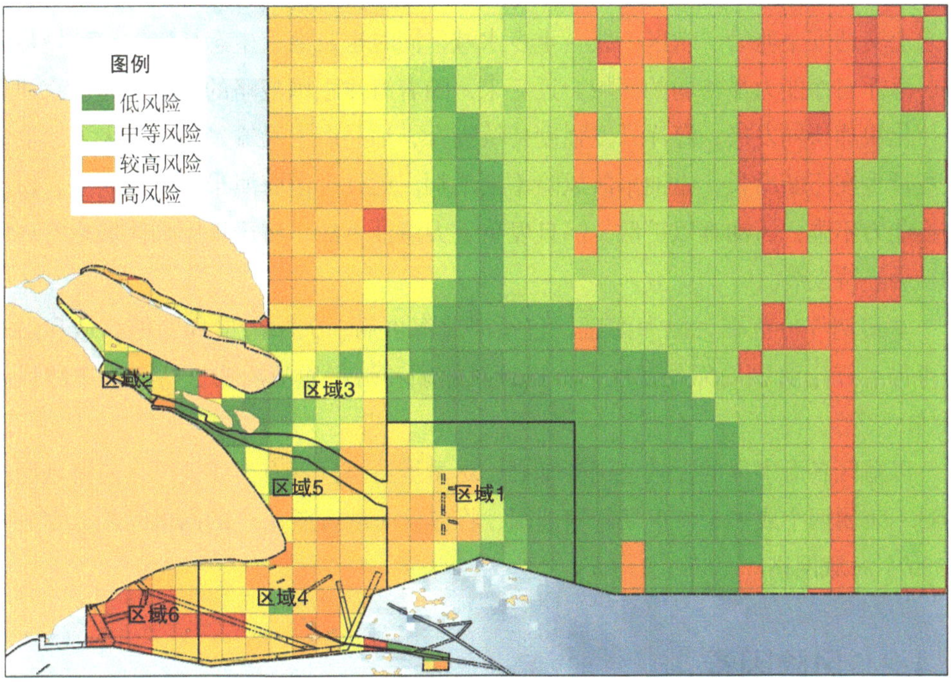

图 4-5　区域溢油污染风险分布

4.4 案例四：区域性溢油风险分析实践（渤海海区）

海区溢油风险分析与沿海港口溢油风险分析基本相同，主要采取海域网格划分、建立船舶溢油事故风险指标体系、溢油事故概率分析、溢油事故风险分析的方法。由于评价范围与港口海域相比较大，在评价指标体系中，可以在一定程度上概化通航条件、海事监管和船员素质等因素，抓住船舶流量、溢油历史事故等关键因素，建立风险指标体系，进行海区溢油风险分析。

4.4.1 区域概况

渤海海区是我国港口数量最多、船舶流量最大、通航条件最复杂的区域之一，是水上交通安全监管“六区一线”重点水域，同时也是海上生态环境敏感区域最集中、海洋自净能力最薄弱的区域。近年来，随着海洋强国战略的深入实施，京津冀一体化快速协同发展，海洋开发强度持续提升，油品海上运输量不断加大，原油码头数量也在不断增长，溢油事故风险不断增加。此外，渤海属半封闭型内海，海水交换能力不强，污油难以扩散。一旦发生重大溢油事故，将严重影响区域生态环境和社会经济发展。

本案例评价范围为渤海海区，包括河北海事局、天津海事局管辖海域和山东海事局、辽宁海事局部分辖区，重点针对船舶和沿岸原油码头进行溢油事故风险评估。

以辖区各海事局的管辖范围为基础，尽量维持辖区现有界线情况，使海域网格尽量不兼属两个或多个海事局管辖范围，将评价海域按照 4.5′ 的网格间距，划分为 4 320 个海域网格。

4.4.2 风险因素

4.4.2.1 船舶艘次

根据 2018 年船舶 AIS 数据，渤海海区主要港口和航路年船舶流量高达 40 万艘次。对评价区域内海域网格的船舶流量进行处理，结果如图 4-6 所示。

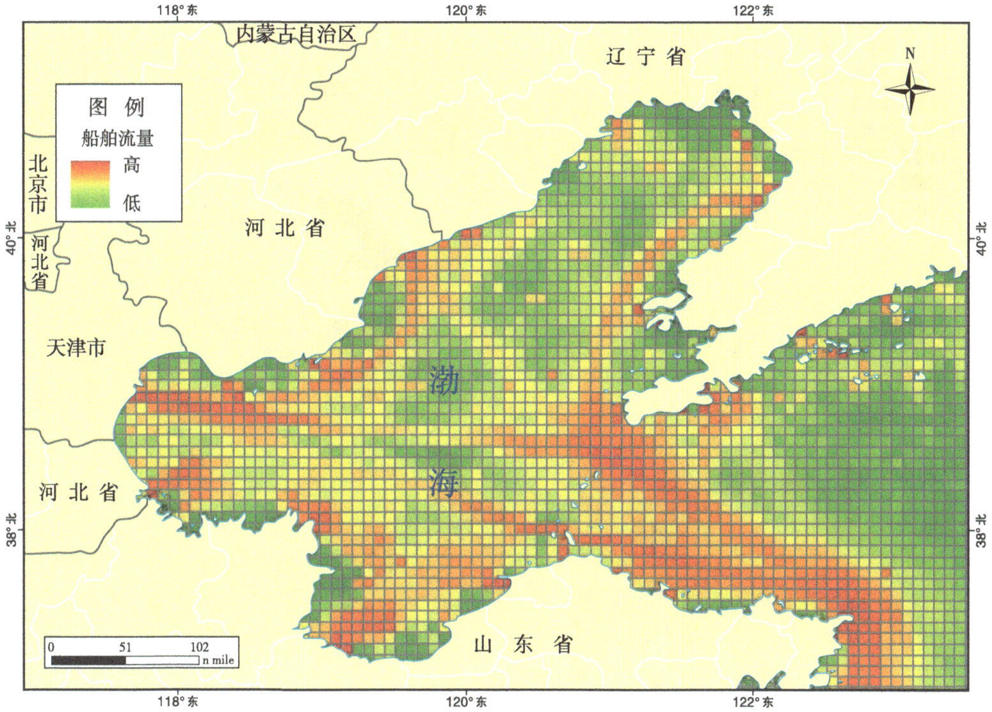

图 4-6　渤海海区船舶流量分布

4.4.2.2　溢油历史事故

2000—2018 年，渤海海区共发生 10 t 以上溢油事故 29 起，平均每年发生 1.5 起，共溢油 3 659 t，平均每年溢油约 193 t，单次溢油量为 126 t，最高每年发生 5 起溢油事故。

4.4.2.3　码头数量

渤海海区港口共有 5 万 t 级以上原油码头 17 个（含在建），其中辽宁 10 个、山东 2 个、天津 3 个、河北 2 个。

4.4.2.4　环境敏感目标

渤海及邻近沿海海域敏感目标众多（如图 4-7 所示），主要包括海洋保护区、旅游休闲娱乐区、农渔业区以及具有重点保护目标的保留区和特殊利用区，共 227 个。其中，海洋保护区 57 个，旅游休闲娱乐区 72 个，农渔业区 55 个、保留区 28 个，特殊利用区 15 个。

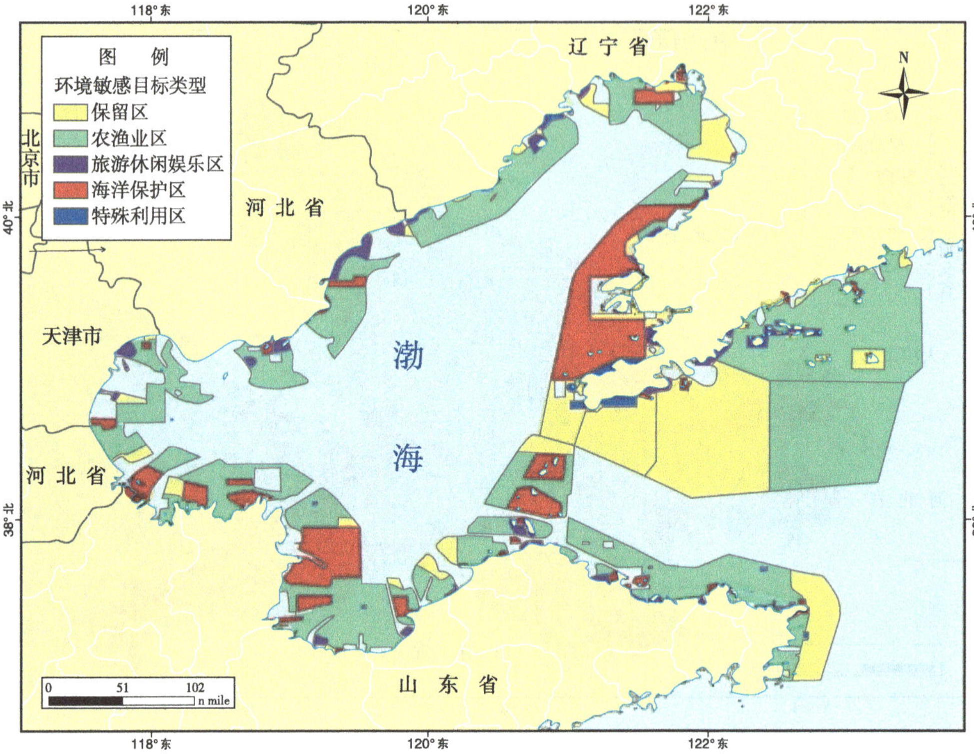

图 4-7 渤海海区环境敏感目标分布情况

根据识别出的渤海海区环境敏感目标现状，对各环境敏感目标进行赋值；若同一网格内有多个敏感目标，则将各敏感目标的环境敏感指数相加。评价范围内环境敏感目标敏感指数分布如图 4-8 所示。

4.4.3 评价结果

4.4.3.1 最可能发生溢油事故规模

最可能发生溢油事故规模参考区域内航行和作业船舶中载油量主力船型的 1 个货油边舱或燃料油边舱的容积确定。环渤海区域的港口是我国重要的原油、煤炭和矿石运输基地，对服务京津冀都市圈以及东北、华北、西北内陆腹地参与国际贸易发挥着重要的作用，港口水域大型油品以及矿石、煤炭运输船舶经过和停靠频繁。渤海及周边海域中，老铁山水道、威海成山头海域南北大通道溢油事故规模最大，大连港、天津港、营口港进出港航道次之，葫芦岛港、秦皇岛港、唐山港、烟台港等处由于油船艘次占比较高，溢油事故规模也相对较大。最可能发生溢油事故规模分析结果如图 4-9 所示。

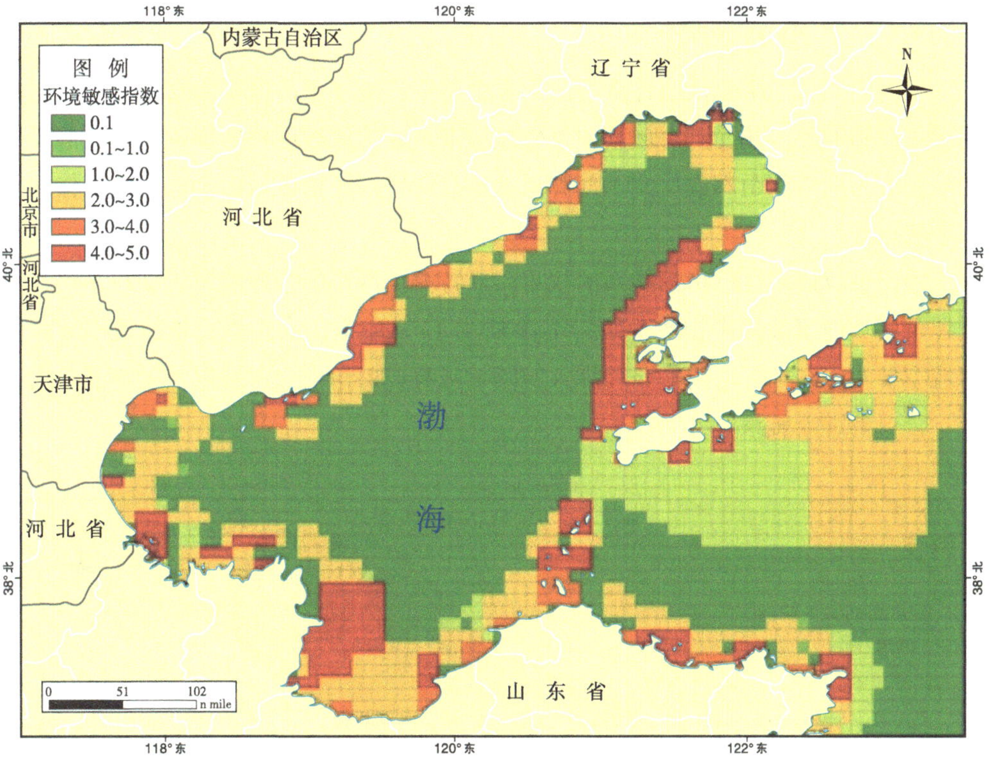

图 4-8 渤海海区环境敏感指数分布

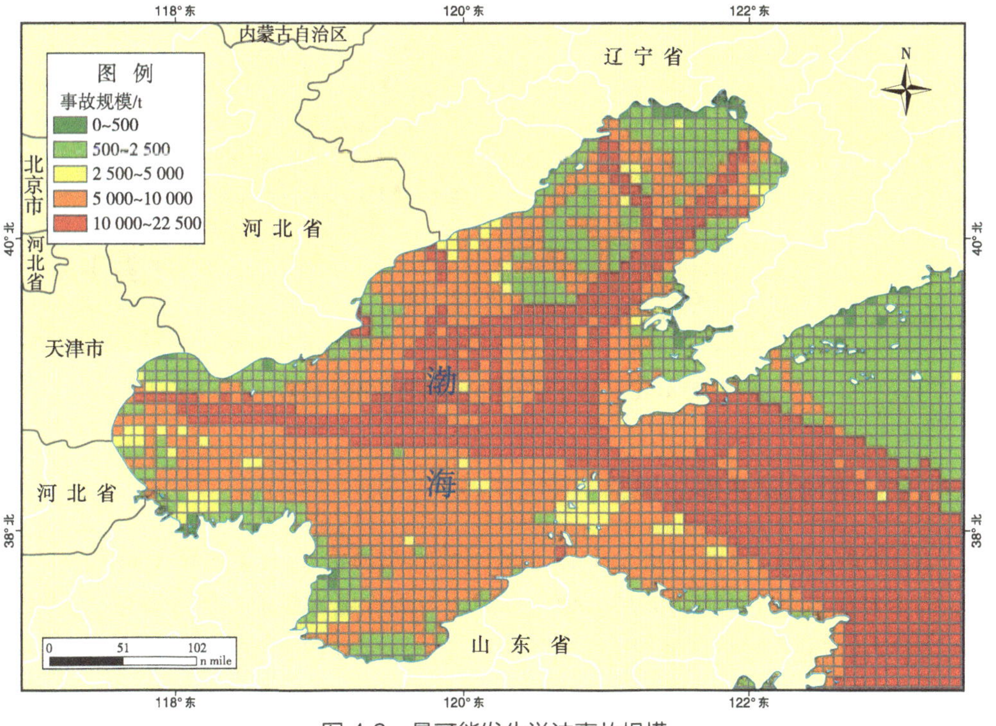

图 4-9 最可能发生溢油事故规模

4.4.3.2 事故概率指数

根据船舶溢油事故概率计算方法，每个网格的溢油事故概率除受该网格本身的历史事故影响外，还受到海域其他发生过溢油事故的海域网格的影响，因此假设受影响程度与网格间距离成反比，计算溢油事故网格对评价区域内全部海域网格的概率影响矩阵。

根据事故概率评价指标体系的权重，对各海域网格的指标值进行加权平均，得到评价区域内事故概率指数（如图 4-10 所示）。从空间分布上看，事故概率较高的海域主要集中在渤海湾主航路和烟大航路、威海成山角周边海域以及天津港、唐山港、营口港进港航路。

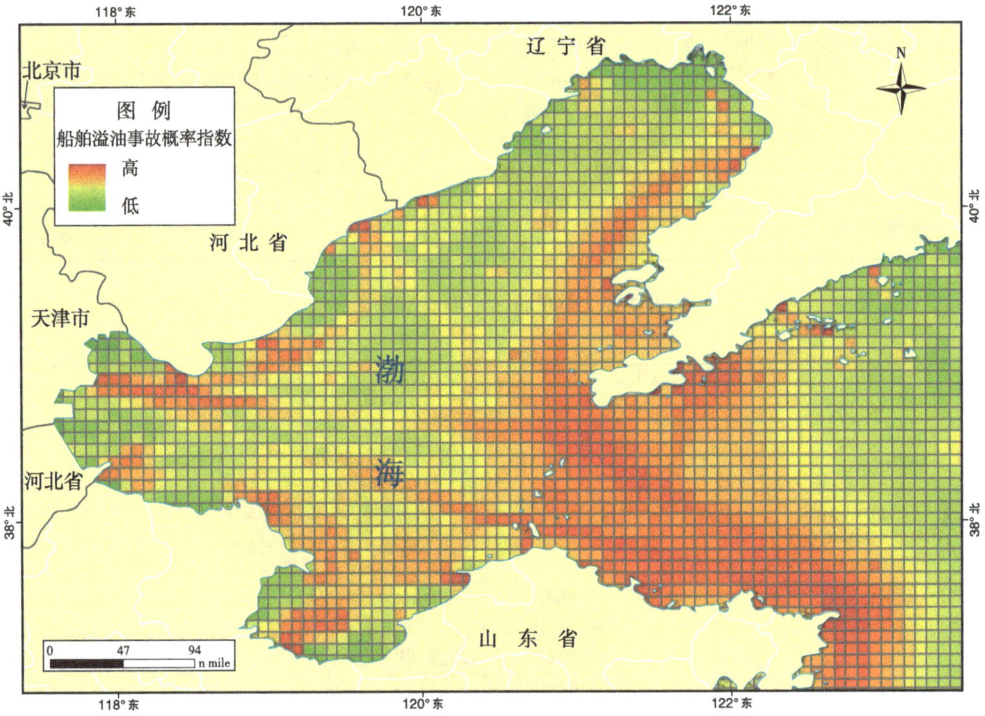

图 4-10 渤海海区船舶溢油事故概率指数

4.4.3.3 船舶溢油事故风险

溢油事故高风险区主要集中在近岸海域和渤海海区主要航路（如图 4-11 所示）。主要包括大连港周边海域、烟台港周边海域、威海成山头周边海域、天津—唐山港周边海域、秦皇岛港周边海域、营口周边海域以及港口间的主要航路。

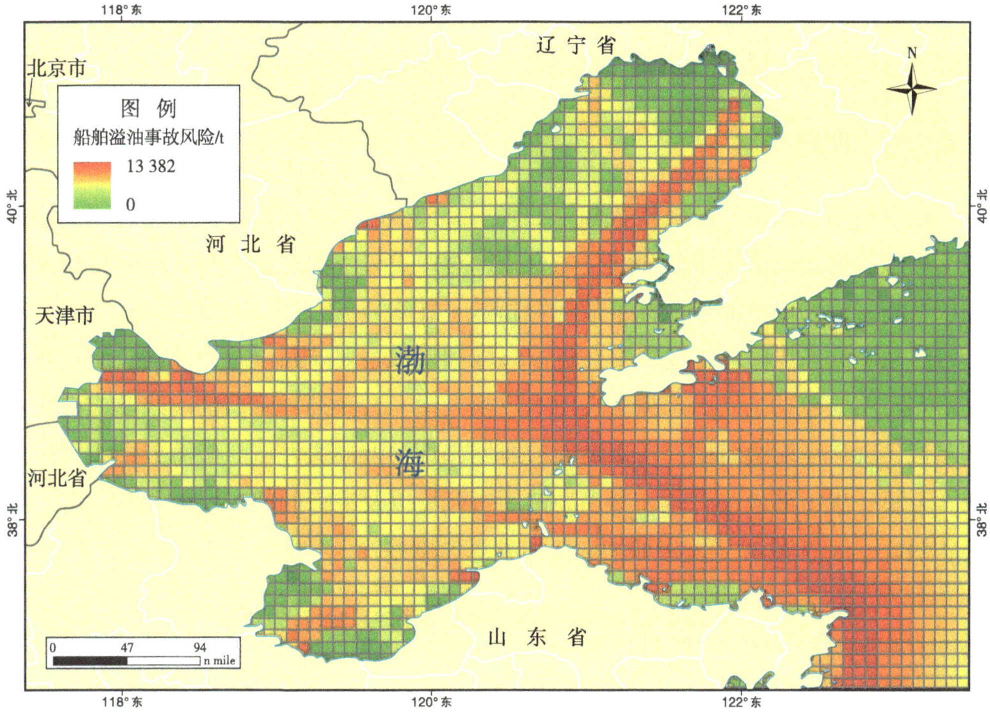

图 4-11　船舶溢油事故风险分布

各海事局中，威海海事局辖区的溢油事故风险最高（占 29%）；大连海事局次之（占 24%），其次为烟台海事局、天津海事局、东营海事局、营口海事局，分别占溢油事故总风险的 21%、6%、3.8%、3.3%。

进出港航道与主航道是船舶溢油事故高风险区。船舶溢油事故高风险区分布在大连港、营口港、天津港进出港航道及成山头水域、长山水道、老铁山水道等船舶流量大、通航条件复杂的水域。

4.4.3.4　原油码头溢油事故规模

石油库区发生油品泄漏事故后，溢油可能通过罐区的雨水或污水管道流入大海。2010 年大连新港溢油事故、2013 年青岛黄岛溢油事故均属此种情况。参照《室外排水设计规范》[GB 50014—2006（2016 年版）]，按照排水管渠的排水流量保守估计其排油流量，流量约为 6.8 m^3/s。按照《石油库设计规范》（GB 50074—2014）：“工艺管道上选用的电动阀门或气动阀门应具有手动操作功能。公称直径小于或等于 DN600 的阀门，手动关闭阀门的时间不宜超过 15 min；公称直径大于 DN600 的电动阀门，手动关闭阀门的时间不宜超过 20 min。”参照此阀门时间进行估算，管道泄漏 20 min，则溢油量为 8 160 t；若按 30 min 计算，溢油量为 1.2 万 t。风险评估取管道泄漏 20 min 时的溢油量作为原油码头事故溢油量。

4.4.3.5 风险指数

根据船舶溢油事故风险指数和原油码头溢油事故风险指数，以船舶、原油码头两类风险源的溢油历史事故溢油量为权重，对两类风险源的溢油事故风险指数进行加权平均，得到渤海海区溢油事故风险指数（如表 4-12、图 4-12 所示）。空间分布上，溢油事故高风险区主要集中在近岸海域和海域主要航路以及原油码头所在海域网格点。主要包括老铁山水道及长山水道到天津、秦皇岛、营口的航线及成山头北部水域，大连港周边海域、营口港周边海域、烟台港周边海域、威海成山头周边海域、天津—唐山港周边海域、秦皇岛港周边海域以及港口间的主要航线和营口、大连、烟台、天津等 30 万 t 级原油码头所处海域网格。

表 4-12 各海事局辖区溢油事故风险占比情况 单位：%

区域	事故风险占比	区域	事故风险占比
区域 1	26	区域 9	2.3
区域 2	19.7	区域 10	6.1
区域 3	0.9	区域 11	1.0
区域 4	3.5	区域 12	0.8
区域 5	0.4	区域 13	3.5
区域 6	0.7	区域 14	30.3
区域 7	1.4	区域 15	1～9
区域 8	1.5		

4.4.3.6 溢油污染风险

在溢油事故风险指数的基础上，考虑环境敏感目标的敏感程度，将网格的溢油事故风险指数和区域敏感指数相叠加，得出溢油污染风险指数（如图 4-13 所示）。评价范围内的污染风险指数呈现从近岸到开阔海域递减的趋势，一方面是由于评价区域内船舶事故风险在近岸海域较高，另一方面是由于评价区域内的环境敏感目标主要集中在近岸海域。营口—大连—烟台一线、天津港周边水域以及烟台—威海周边水域为连片污染高风险海域，一旦发生溢油事故，应注意对以上海域的防护。

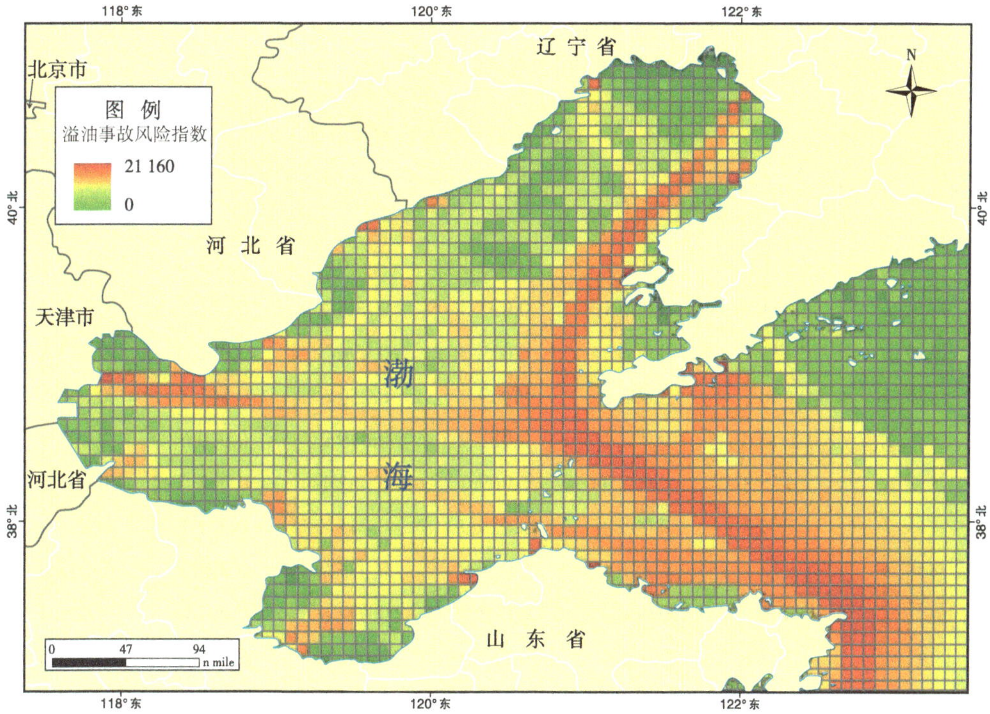

图 4-12　渤海海区溢油事故风险指数分布

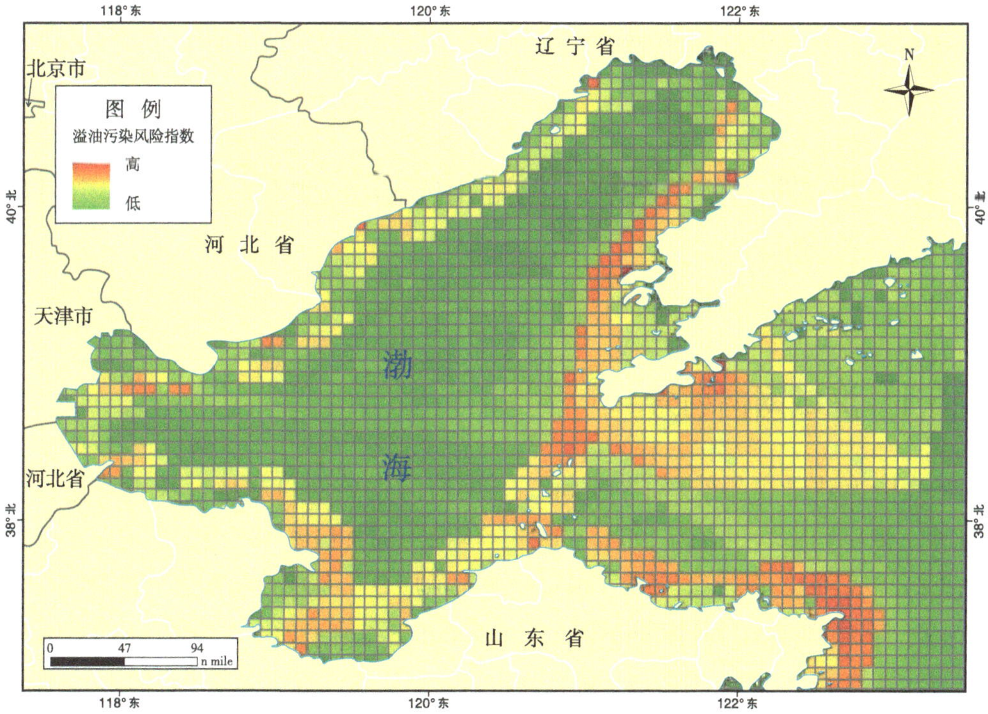

图 4-13　渤海海区溢油污染风险指数分布

辖区的溢油污染风险指数统计结果如表 4-13 所示。评价区域内污染风险较高，应增加巡航次数，适当延长巡航时间，加强风险防控。

表 4-13　辖区溢油污染风险指数统计

区域	溢油事故风险			溢油污染风险		
	总和	平均值	最大值	总和	平均值	最大值
区域 1	4.711 5	0.010 2	0.063 1	1.410 4	0.003 1	0.063 1
区域 2	3.571 8	0.006 1	0.093 8	0.904 4	0.001 5	0.032 1
区域 3	0.154 1	0.004 3	0.017 2	0.096 7	0.002 7	0.013 8
区域 4	0.626 2	0.003 2	0.033 4	0.250 6	0.001 3	0.008 5
区域 5	0.066 0	0.002 1	0.007 9	0.019 2	0.000 6	0.007 9
区域 6	0.126 8	0.002 8	0.009 9	0.062 1	0.001 4	0.009 5
区域 7	0.261 3	0.006 2	0.029 9	0.045 7	0.001 1	0.015 2
区域 8	0.273 4	0.004 6	0.015 8	0.076 0	0.001 3	0.012 6
区域 9	0.408 2	0.004 3	0.038 0	0.092 8	0.001 0	0.030 4
区域 10	1.102 6	0.006 4	0.151 9	0.092 9	0.000 5	0.013 6
区域 11	0.184 8	0.002 4	0.016 5	0.062 7	0.000 8	0.003 3
区域 12	0.138 3	0.002 9	0.027 5	0.042 4	0.000 9	0.027 5
区域 13	0.635 2	0.005 2	0.099 4	0.226 4	0.001 8	0.079 5
区域 14	5.494 4	0.006 6	1.000 0	2.704 9	0.003 2	1.000 0

4.5　案例五：区域性溢油风险分析实践（全国沿海）

4.5.1　海域网格划分

我国大陆岸线长度超 1.8 万 km，全国沿海主要港口和地区性重要港口共 51 个，港口间平均距离为 190 n mile；全国沿海的县区共 185 个，平均每个县区占据海岸线约 50 n mile。根据《国家船舶溢油应急设备库设备配置管理规定（试行）》，小型溢油应急设备库服务半径为 60 n mile。综合考虑以上因素，出于空间精度和计算效率的均衡，网格边长确定为小型溢油应急设备库服务半径的 1/4，即确定为边长 15 n mile 的正方形网格。规划范围内计算网格共计 2 122 个，其中北方海区 314 个、东海海区 896 个、南海海区 912 个。南海部分海域因缺乏数据，未划分计算网格。

4.5.2　风险因素

溢油风险源是指海上溢油的来源，涉及海洋石油勘探开发、海上油品过驳运输、沿海储存加工等过程，具体包括运输船舶、石油平台、输油管线以及储罐四类。

4.5.2.1　运输船舶

船舶的货油和燃油是海上溢油的主要风险源。2002—2012 年，全国沿海主要港口船舶进出港艘次从 164.7 万艘次增长到 533 万艘次，年均增加 36.8 万艘次；沿海和远洋运输船舶平均吨位分别从 1 224 t、9 911 t 增长到 5 959 t、27 932 t，船舶大型化趋势十分明显。根据 2012 年全国沿海 AIS 数据，将船舶流量进行处理并分配到网格。

4.5.2.2　石油平台

目前我国的海洋石油勘探开发主要集中于渤海、黄海、东海及南海大陆架。北方海区是近期增储上产的主力区，南海海区是目前油气生产的主战场，东海海区处于战略接替位置。截至 2012 年年底，渤海现有海上采油平台 217 个，浮式储油装置（FPSO）6 座，人工岛 13 个；东海处于生产作业的平台共有 5 座；南海已投产且正在运营的固定式平台 55 座、浮式生产储油装置 6 艘、浮式储油装置（FSOU）1 艘、浮式生产装置（FPO）1 艘、水下井口设施 5 个。

4.5.2.3　输油管线

管线运输是最快捷、经济、可靠的油气运输方式。但海底输油管线在服役过程中，受内部介质腐蚀、外部海水腐蚀、内压及其他外应力腐蚀、过往船舶刮碰等影响，均有可能导致输送油品的泄漏。

4.5.2.4　储罐

石油储库的建设对保障国家能源安全、维持石化产业快速稳定发展具有十分重要的意义。但沿海油品储库一旦发生泄漏事故，可能会对周边海域的生态环境造成严重的污染。2010 年大连新港“7・16”重大溢油事故就是由沿海石油储罐泄漏造成的。

我国的石油储备系统主要由政府储备和商业储备两个层次组成。截至 2008 年，镇海、舟山、大连和黄岛第一批 4 座国家油品储备库均已建成。根据《国家石油储备中长期规划（2008—2020 年）》，2020 年前，我国将陆续建设石油储备第二期、第三期项目，形成相当于 100 天石油净进口量的储备总规模。2015 年，全国沿海地区涉油企业共计 1 931 家，其中贮存型企业共 1 491 家。广东省涉油企业数量最多，为 373 家，占沿海各省（自治区、直辖市）涉油企业总数的 19%，其次分别是海南省、山东省、福建省和浙江省，以上 5 个省份涉油企业数量约占涉油企业总数的 70%。沿海地区涉油企业的原油存储量共计 6 751.0 万 t。山东省最高，为 2 311.5 万 t，占总存储量的 34.24%。

4.5.2.5 海上溢油事故统计

根据 1973—2019 年全国沿海溢油事故统计数据（如图 1-2 和表 1-1 所示），共发生溢油量 50 t 以上的溢油事故 102 起，平均每年发生 2.17 起；总溢油量达 85 470 t，平均每年溢油 2 085 t，单次溢油 855 t；溢油量 1 000 t 以上的重大海上溢油事故 8 起，占事故总数的 8%，平均 5.1 年发生 1 起。

4.5.2.6 海域敏感目标

海上溢油事故不仅会给海域环境和生态系统带来灾难性破坏，还会对水产、航运等海洋相关产业造成巨大冲击。与此同时，若溢油事故发生在我国与邻国的交界海域，则有可能引起国际争端，影响国家形象。鉴于溢油事故可能造成的各类不利影响，将易受溢油事故影响的海域敏感目标分为环境敏感目标和社会敏感目标两类。

环境敏感目标：环境敏感目标主要包括 120 个自然保护区（其中国家级、省级、市县级分别为 33 个、35 个和 52 个）、50 个国家级水产种质资源保护区、163 处鱼类“三场”和 135 条鱼虾类洄游通道。

社会敏感目标：社会敏感目标主要指溢油事故发生后可能产生社会影响的沿海岸线，以沿海县区人口密度表征受影响程度。

4.5.3 分析结果

4.5.3.1 船舶溢油事故风险指数

2012 年船舶溢油事故风险指数分布如图 4-14 所示。船舶溢油事故高风险区主要分布在沿海油品运输的主要航线上，包括大连、天津、秦皇岛、青岛等环渤海港口，上海、宁波、舟山等长三角港口，厦门、深圳、广州等东南沿海港口等主要港口之间的航线；风险指数整体呈现北高南低的态势，北方海区最高，东海海区最低。

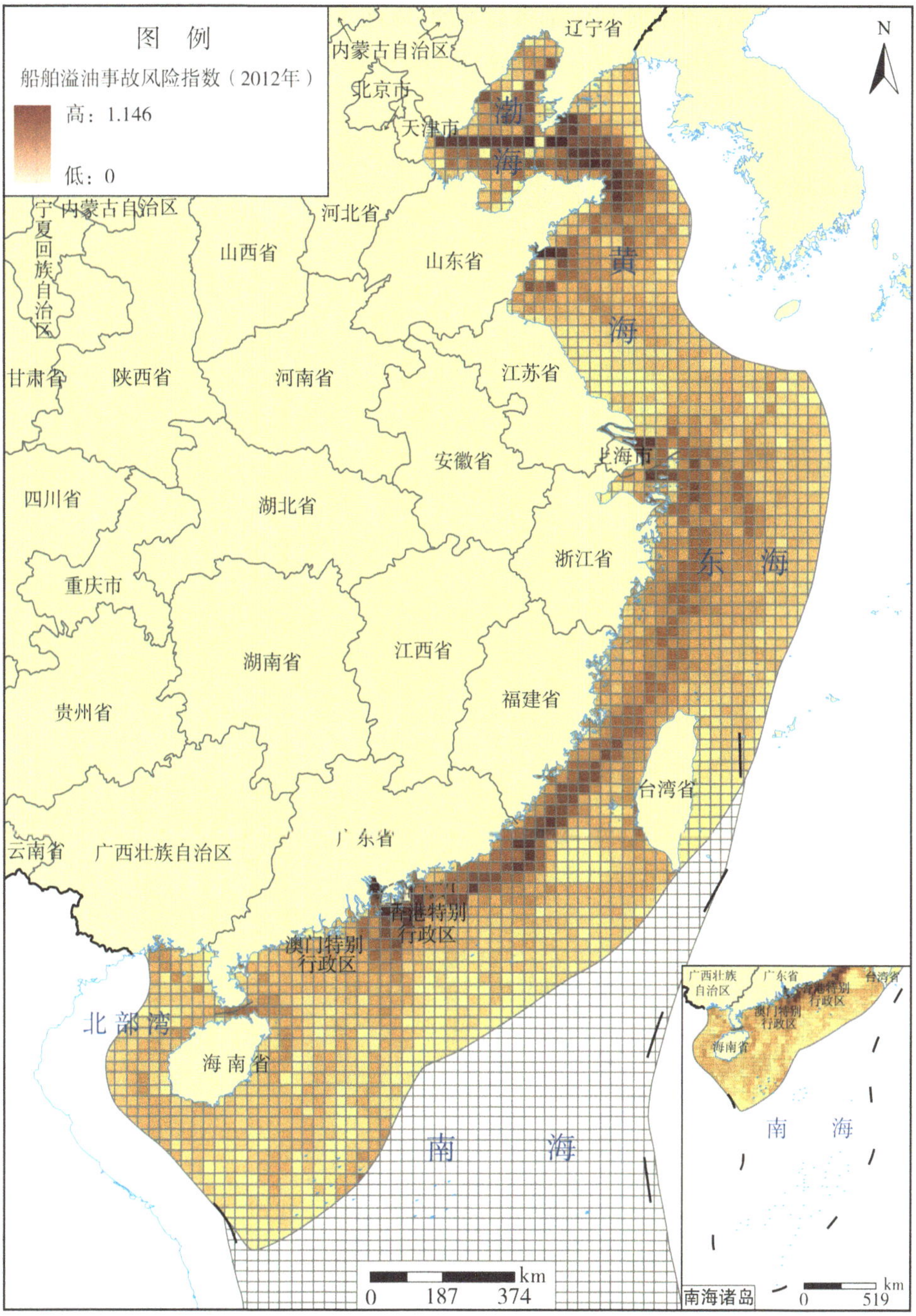

图 4-14 2012 年船舶溢油事故风险指数

4.5.3.2 储罐、输油管线及石油平台溢油事故风险指数

储罐溢油事故高风险区集中在天津、大连、青岛、宁波、舟山、惠州等石油储运基地和石化基地，北方海区溢油事故平均风险指数最高；输油管线和石油平台溢油事故高风险区也集中在北方海区渤海海域内（如图 4-15 所示）。

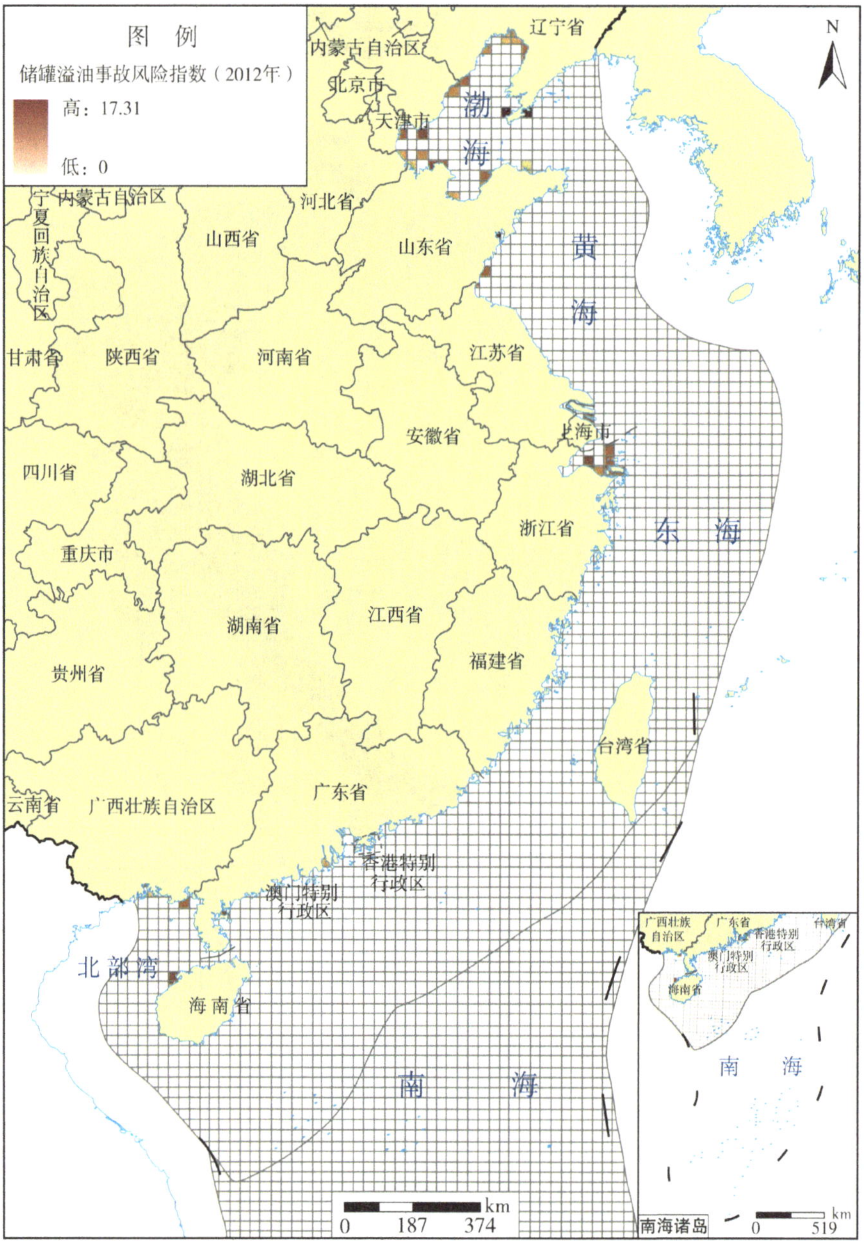

图 4-15　2012 年储罐溢油事故风险指数

4.5.3.3　综合溢油事故风险指数

综合 2012 年运输船舶、储罐、输油管线和石油平台 4 种风险源的风险指数，得到沿海综合溢油事故风险指数（如图 4-16 所示）。可以看出，综合溢油事故风险指数由近岸向外海逐渐递减，三大海区从北向南综合溢油事故风险指数递减，高风险区主要集中在渤海湾、成山头、长江口、台湾海峡和珠江口水域。

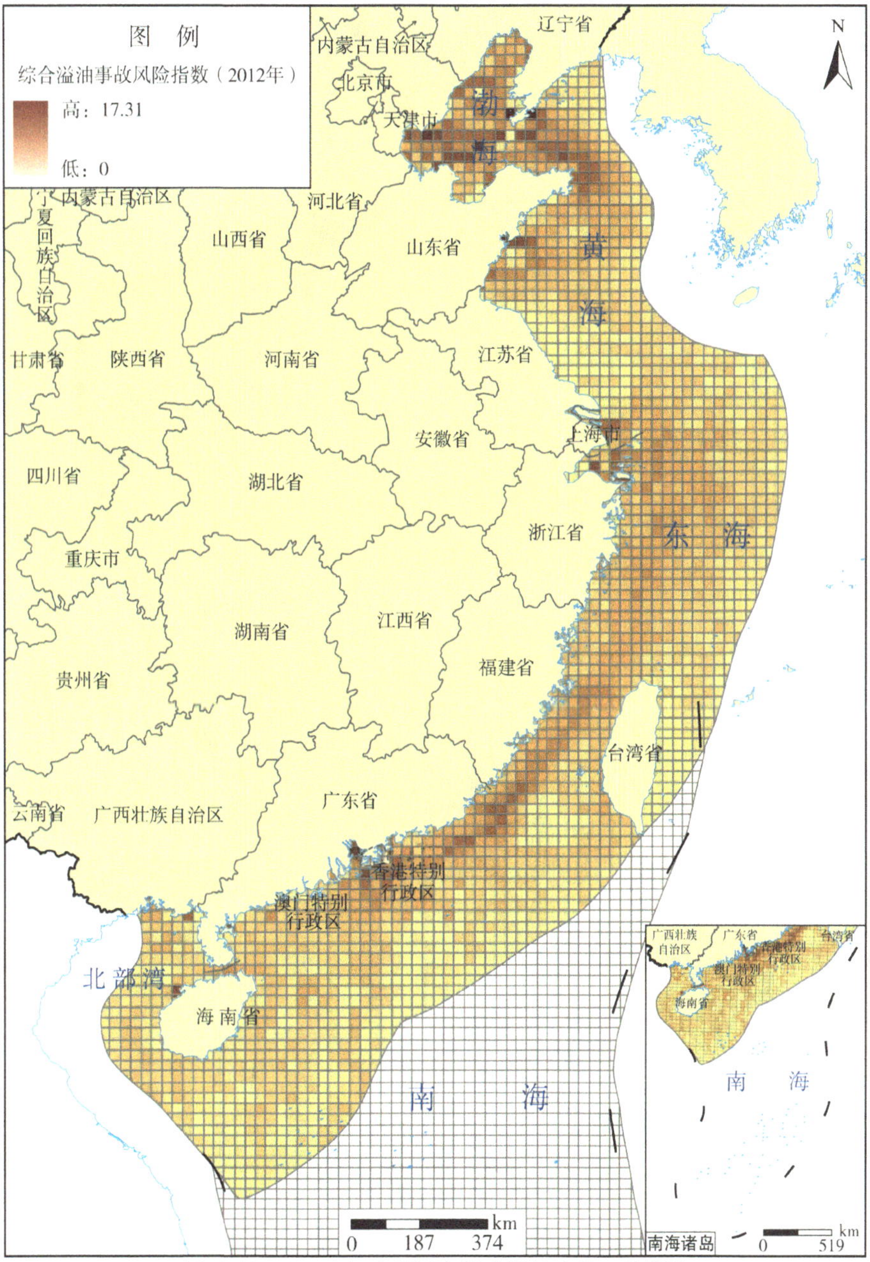

图 4-16　2012 年全国沿海综合溢油事故风险指数

4.5.3.4 海域敏感指数

根据海上各类型敏感目标的分布，依据赋值标准，对全海域各网格进行敏感指数赋值（如图 4-17 所示）。

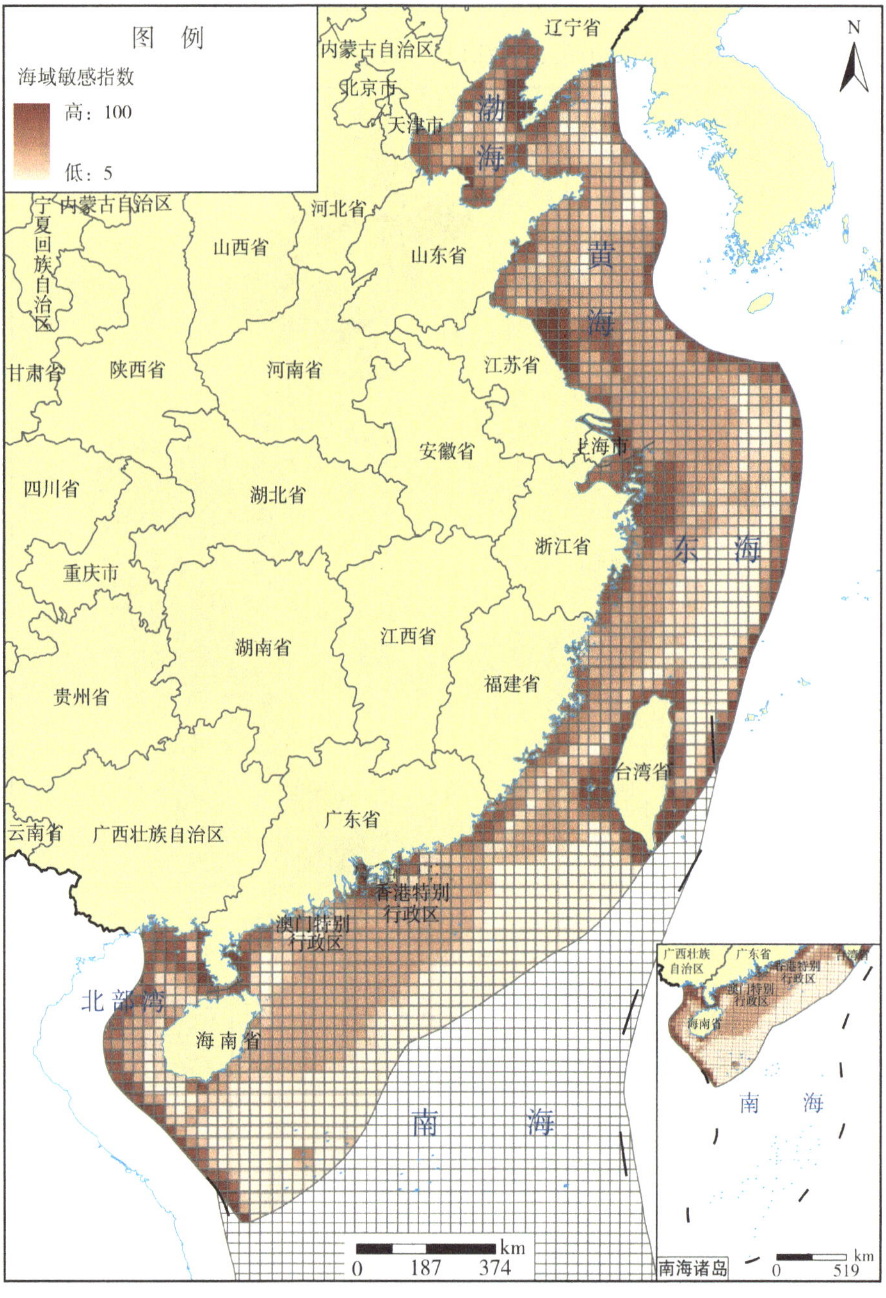

图 4-17 海域敏感指数

4.5.3.5 溢油污染风险指数

为便于溢油污染风险布局的辨识与分析，将溢油污染风险指数按大小顺序排列；前10%的区域定义为高风险区；10%～25%为较高风险区；25%～50%为中等风险区；50%～75%为较低风险区；其余为低风险区。溢油污染风险的时空分布特征如图4-18所示。

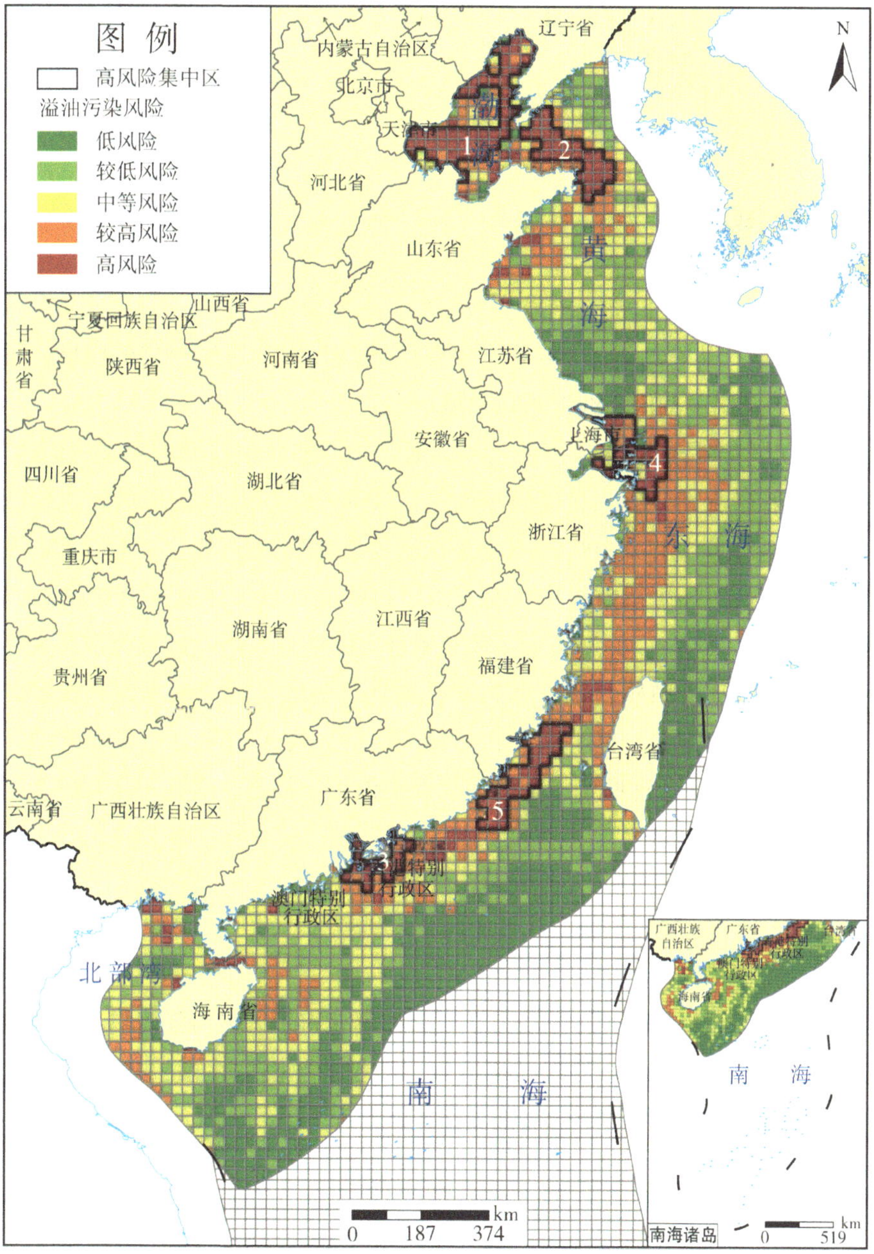

图4-18 溢油污染风险等级及高风险集中分布区

溢油污染风险由近岸向外海逐渐递减；整体上呈现北高南低的态势，其中北方海区的平均污染风险指数最高，是全海域污染风险指数平均值的近 6 倍，东海海区的平均污染风险指数最低；高风险区主要集中在 5 个区域：渤海海域、北黄海海域、珠江口海域、长江口海域、台湾海峡海域，总面积达 12 万 km^2。

4.6 案例六：基于不确定性分析的溢油风险分析实践

4.6.1 区域概况

研究区域北至马鞍群岛，南至梅散列岛，东起海礁，西迄王盘洋水域，水域面积为 4.9 万 km^2，共有岛屿 1 390 个；研究区域是我国港口最密集的区域，被交通运输部确定为全国“四区一线”重点水域。

石油储运一直是区域优势产业之一，而其中原油码头及后方相关的储运基地、重化工等临港产业相应进入快速发展时期。2006—2010 年，区域共发生船舶污染事故 21 起、溢油量超过 1 300 t，其中单次溢油量超过 300 t 以上的有 3 起。在途经我国的 7 条主要国际海运航线中，有 6 条经过研究区域。区域还有可供 15 万 t 级船舶进出的航道 13 条，可供 30 万 t 级船舶进出的航道 3 条。区域海洋环境相对敏感，分布有多处环境敏感目标，如国家级风景名胜区、国家级水产种质资源保护区、国家级海洋特别保护区、鸟类自然保护区等，海上密集分布着多处渔业捕捞区、繁育区和养殖区。这些资源都容易受到溢油污染损害，这在一定程度上增加了该区域的溢油风险。

4.6.2 风险因素

案例研究采用 FVCOM 海洋动力学模型计算获得了区域海洋流场信息，为后续溢油预测模拟提供了基础。通过拉格朗日“油粒子”模型计算了在不同溢油地点、溢油规模和发生时间等情景下的溢油漂移扩散情况。

4.6.2.1　溢油地点采样

重点考虑 3 处溢油事故高风险水域：①石油运量大、进出港油轮数量多的区域，如油品储运基地等；②通航环境复杂、通航密集区，如过境航道、进港航道和中转航道等；③保护区分布较多的生态环境敏感区域。综上分析，选取 4 类设施作为主要风险源（溢油点），分别是油品储运基地、航道、锚地和海底输油管道，具体包括 8 处大型油品储运基地、10 处锚地、船舶流量大小前三位的 3 种类型主要航道（过境航道、中转航道和进港航道）和 1 条海底输油管道，共计 22 处溢油点。

对上述 22 处溢油点进行均匀采样，每次采样出的溢油点均作为模型输入数据，直至 22 处风险源全部被采样。

4.6.2.2　溢油规模

22 处风险源中，油品储运基地码头的最小靠泊能力和最大靠泊能力分别为 10 万 t 和 45 万 t。

按照 10 万 t 油轮的货物实载率 80%、舱容数 18 个计，则平均舱容约为 4 400 t。假定最小舱容为平均舱容的 0.5 倍，则最小舱容为 2 200 t。双壳船油轮的泄漏量一般约为舱容的 1/2，即为 1 100 t。因此，本案例中考虑的 22 处溢油点中，可能发生溢油事故的较小溢油量约为 1 000 t。按照 45 万 t 油轮的货物实载率 80%、舱容数 18 个计，则平均舱容为 2 万 t。假定最大舱容为平均舱容的 1.5 倍，则最大舱容为 3 万 t。因此，本案例中考虑的 22 处溢油点中，可能发生溢油事故的最大溢油量约为 3 万 t。

根据以上分析，22 处风险源的溢油量可在 1 000～3 万 t 进行随机采样。

4.6.2.3　溢油时间

溢油时间的采样空间选取为 10 年，在这 10 年间对溢油起始时间进行大样本情景随机采样。气象条件参数选取海域同期 10 年间的风场数据（时间精度为 6 h，空间精度为 0.5°）。

溢油泄漏持续时间的采样空间为 1～10 h，与溢油量的采样同步开展。溢油模拟时长定为 5 d。

4.6.2.4 各溢油点发生事故的相对概率

案例海域 2003—2010 年共发生溢油事故 73 起，其中码头事故、锚地事故和航道事故分别为 48 起、12 起和 13 起，每年事故频率分别为 6 起 /a、1.5 起 /a、1.625 起 /a，其中溢油量大于 50 桶的事故共 7 起。

由于该海域尚未发生过管道漏油事故，故使用类比法，假设我国和美国管道发生溢油的概率相等并保持不变，利用美国近海事故统计进行推算。美国近海管道长度为 33 789 km，1974—1998 年溢油量大于 50 桶的管道溢油事故为 45 起，平均每年 1.286 起。本案例海域管道长度约 40 km。推算可知，案例海域发生溢油量大于 50 桶的溢油事故的频率为每年 0.001 56 起，发生管道溢油事故的频率为 $0.001\,56 \times 73/7 = 0.016\,3$ 起 /a。

根据以上数据，设定事故频率最高的码头为 1，则码头、锚地、航道、管道的事故频率比值为 1 : 0.25 : 0.270 8 : 0.002 7。由于案例将海域油品运输的主要事故风险源概化为 8 处油品储运基地（码头）、10 处锚地、3 条航道和 1 条管道，设定码头、锚地、航道和管道发生溢油事故的相对概率比值为 1 : 0.2 : 0.922 : 0.022。

4.6.2.5 海域敏感度分析

案例海域环境敏感目标主要有自然保护区、水产种质资源保护区和旅游区等。为凸显环境敏感目标之间的差异，赋值采用 2 倍等比分布，即最高等级的环境敏感目标赋值为 1，其余依次赋值为 1/2、1/4、1/8、1/16。根据海域环境敏感目标的分布情况，得到本案例海域环境敏感度分级及赋值（如图 4-19 所示）。

4.6.3 分析结果

采用拉格朗日"油粒子"模型对本案例的 22 处风险源可能发生的溢油事故进行 3 650 × 22 次大样本情景模拟分析，得出海域受污染概率、油膜厚度和最短到达时间等溢油污染程度参数。

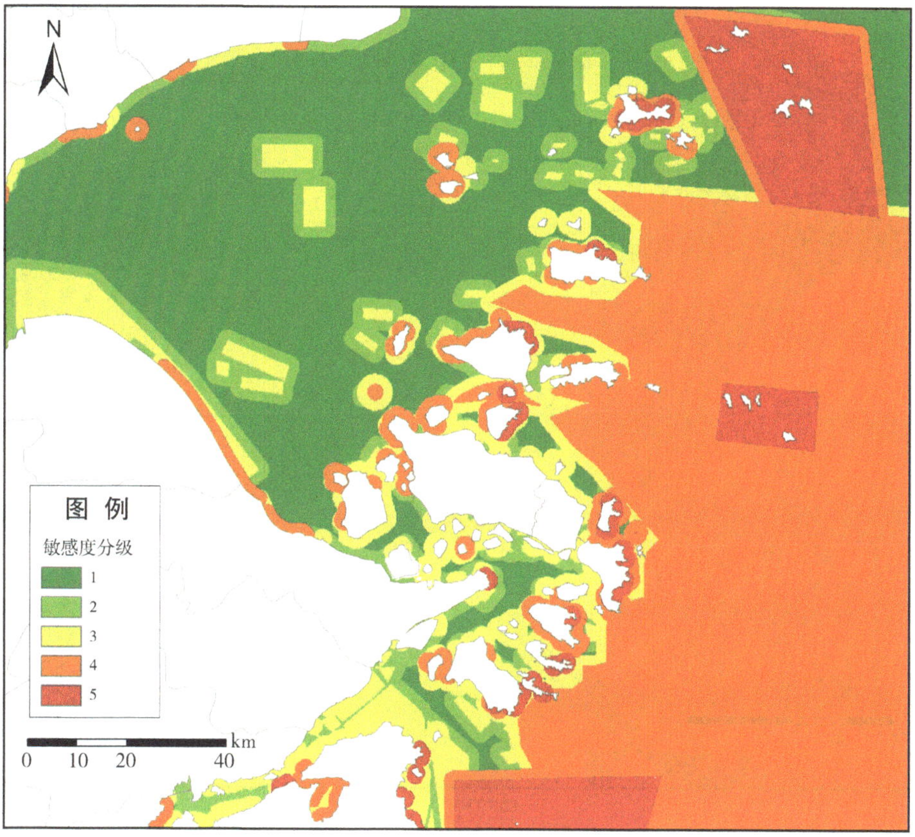

图 4-19　环境敏感度分级

将四类风险源的污染指数按照事故相对概率进行加权叠加，得到区域综合溢油事故风险指数（如图 4-20 所示）。

综合事故概率、溢油事故风险指数和环境敏感度，计算得到单个风险源的溢油污染风险指数分布情况，将各风险源的溢油污染风险指数叠加，得到案例海域综合溢油污染风险指数。将综合溢油污染风险指数按照大小排序。案例海域综合溢油污染风险指数分布如图 4-21 所示。

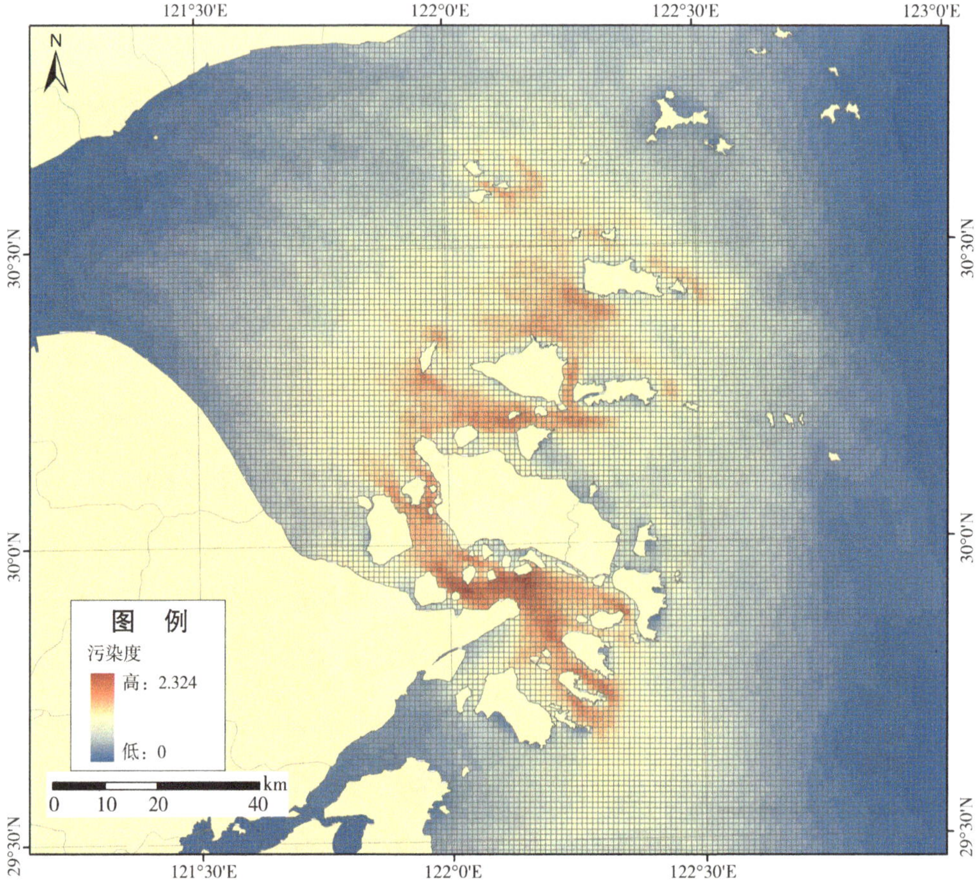

图 4-20 综合溢油事故风险指数分布

由图 4-22 可见，案例海域综合溢油污染风险具备如下分布特征：①主要位于韭山列岛自然保护区至鼠浪湖岛一线，即各大岛屿的东侧海域，以及其他保护区和部分岛屿周围；②综合溢油风险指数由中间向东西两侧递减，低风险区主要位于整个海域东侧和西侧。可见，综合溢油风险指数高值区位于风险源附近以及保护区等敏感水域，充分反映了溢油污染与敏感目标的叠加效果。

针对综合溢油风险指数高值区，筛选面积大于 10 km^2 的高风险区，共计得到 14 个需要重点管控的高风险海域，总面积为 1 892 km^2。按面积大小依次为：六横岛东侧、韭山列岛附近、环鼠浪湖岛、大长涂岛东南、岱山岛与衢山岛之间、中街山列岛附近、环桃花岛、舟山本岛西北侧、舟山岛与岱山岛之间、环普陀岛、宁波与舟山本岛之间、环绿华山岛、环大鱼山岛、大小洋山岛附近等。14 处高风险海域的平均综合溢油风险指数为 0.74。

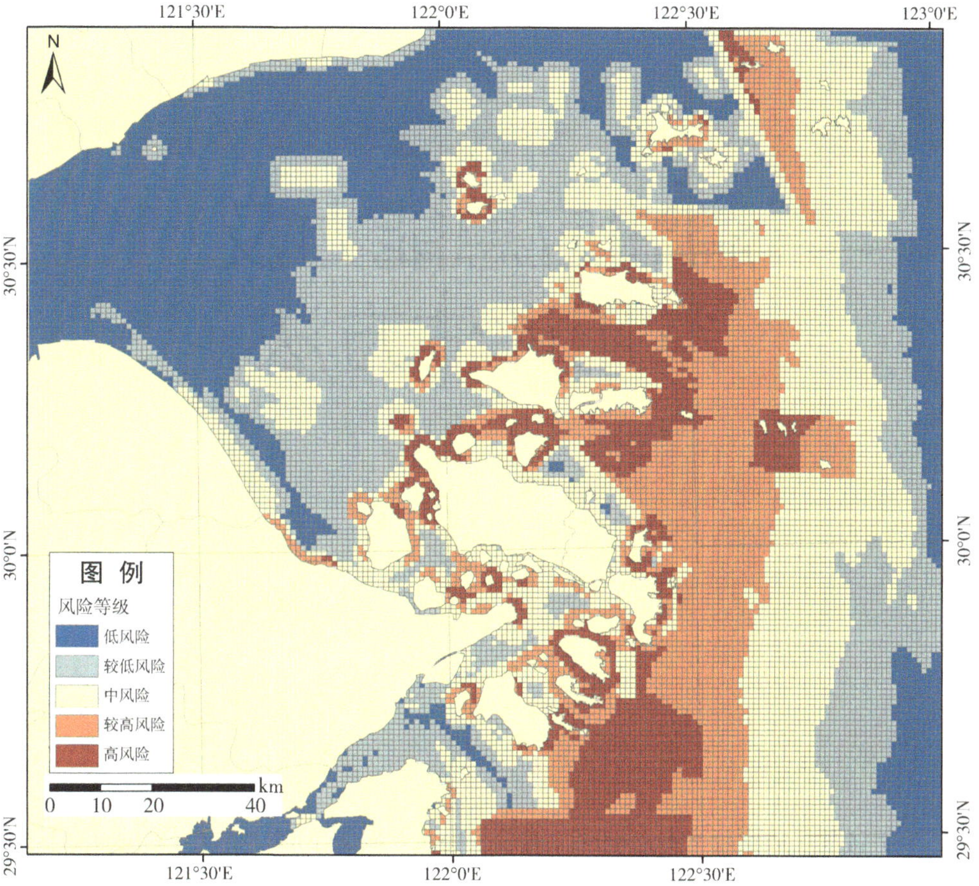

图 4-21　案例海域综合溢油污染风险指数分布

第5章 溢油应急能力及常用评估方法

科学合理评估现有水上溢油应急能力大小是开展应急能力建设规划的重要基础。本章重点介绍溢油应急能力的概念和组成，以及溢油应急能力评估方法的研究进展。

5.1 溢油应急能力

溢油应急工作是一项系统工程，需要相关部门统筹指挥和协调组织，需要对溢油情况进行实时监视和预测预警，需要系统完备、切实可用的应急设备以开展溢油应急围控、回收和清除，同时需要数量充足、专业精通的应急人员作为保障。因此，从溢油应急工作流程和实际需求角度看，溢油应急能力主要包括组织指挥能力、监视监测能力、应急处置能力、应急队伍等4个方面。

5.1.1 组织指挥能力

溢油应急处置涉及多级政府和相关部门、部队、社会力量的参与，需要在有限时间内完成多种性质不同的应急任务，相关的组织指挥与协调工作较为复杂。溢油应急组织指挥体系由溢油应急指挥机构、溢油应急预案、应急通信和应急信息系统 4 个部分构成（如图 5-1 所示）。

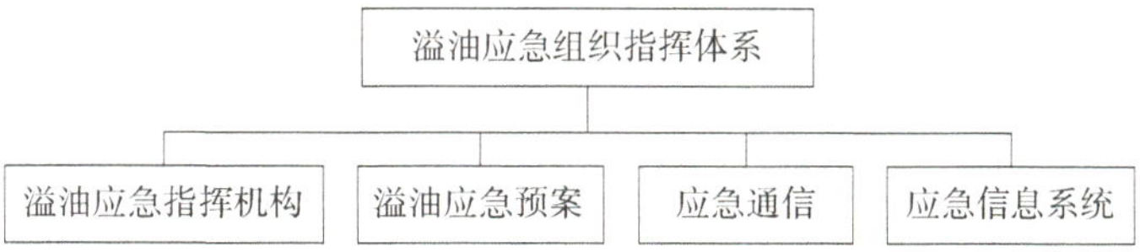

图 5-1　溢油应急组织指挥体系

在溢油应急指挥机构方面，我国与溢油有关的应急管理职责分散于交通运输、生态环境以及应急管理等部门。在溢油事故发生时，相关部门会根据职责分工组织开展应急工作。

在溢油应急预案方面，目前我国已形成多层级、多类污染源的溢油应急预案体系，从层级角度可分为国家级、省级、市级、企业级等，从污染源角度可分为船舶、管线、平台和油库等。

在应急通信方面，按照通信方式，我国现有应急通信可分为有线通信网和无线通信网，无线通信网又包括无线公网、模拟 / 数字集群、微波通信、卫星通信等多种无线方式。溢油应急响应过程中，应急通信主要用于支撑应急指挥时语音、数据和视频等信息的传送。

在应急信息系统方面，在机构健全、人员和物资准备充分的情况下，应急处置和决策指挥能力将成为减缓和控制溢油事故影响的决定性因素，而正确的处置方案和决策指挥必须建立在及时获得和正确处理溢油有关信息的技术上。目前，部分管理部门已经建立了应急管理系统，与溢油应急相关的功能主要包括应急值守、风险源管理、应急装备物资和人员管理、溢油漂移预测、船舶飞机动态监控、辅助决策和善后管理等。

5.1.2 监视监测能力

溢油应急监视监测是应急响应过程中的重要环节，是溢油位置查找、溢油跟踪、应急处置方案制定的重要依据，其主要内容如图 5-2 所示。

溢油应急监视的主要目的是发现和跟踪溢油，确定溢油区域位置、油污面积、溢油类型、油膜厚度、溢油油量，并预测溢油扩散的速度、方向，为制定应急处置对策、清除作业方案和污染损害赔偿方案等提供依据。溢油应急监视可分为卫星遥感监视、航空监视和船舶监视等。

溢油应急监测主要包括油品理化性质测定、水中油品浓度测定和油指纹鉴定等内容，主要目的是在溢油事故发生后，通过对溢油和受到溢油污染的水域及资源进行监测，预测一定范围内的溢油污染影响程度，为应急方案制定和索赔提供参考。

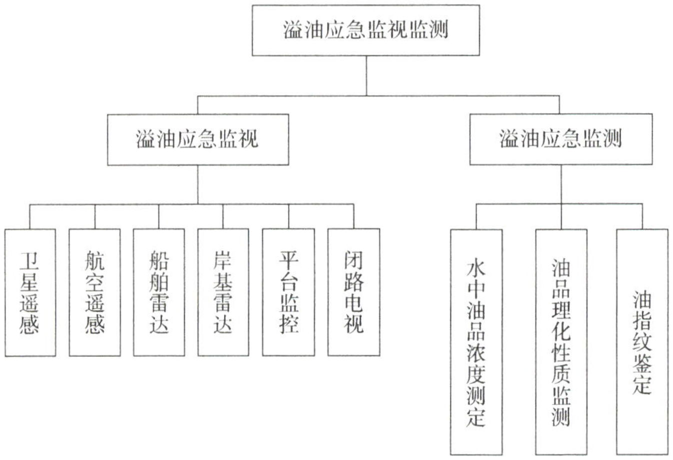

图 5-2 溢油应急监视监测系统组成

5.1.3 溢油应急处置能力

溢油应急处置能力主要包括水上溢油应急处置能力、岸线清污能力和回收物陆上接收处置能力。

5.1.3.1 水上溢油应急处置能力

水上溢油应急处置能力主要通过水上溢油清除装备可处置的溢油事故规模来进行表征，单位为 t。溢油应急设备库是各种水上溢油清除装备和物资的集中存放场所。溢油应急装备物资的管理单位可分为政府、企业和社会力量三类，分别形成政府溢油应急设备库、企业溢油应急设备库和社会力量溢油应急设备库。其中，政府溢油应急设备库主要由交通运输管理部门进行投资、建设和管理。企业溢油应急设备库由石油、航运、港口码头等企业进行投资、建设和管理。社会力量溢油应急设备库主要由船舶污染清除单位（以下简称“清污公司”）进行投资、建设和管理。具体组成如图 5-3 所示。

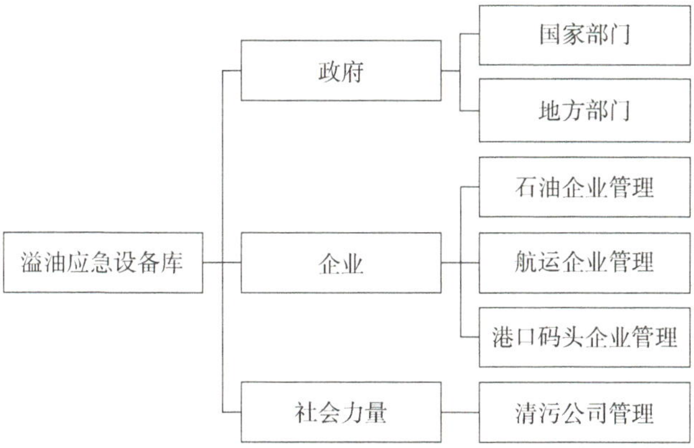

图 5-3　我国水上溢油应急设备库管理单位情况

水上溢油应急处置主要在应急反应计划（预案）的指导下，采用应急卸载和水下抽油、溢油围控、机械回收、吸附回收等方法对溢油进行清除回收。溢油应急反应程序如图 5-4 所示。

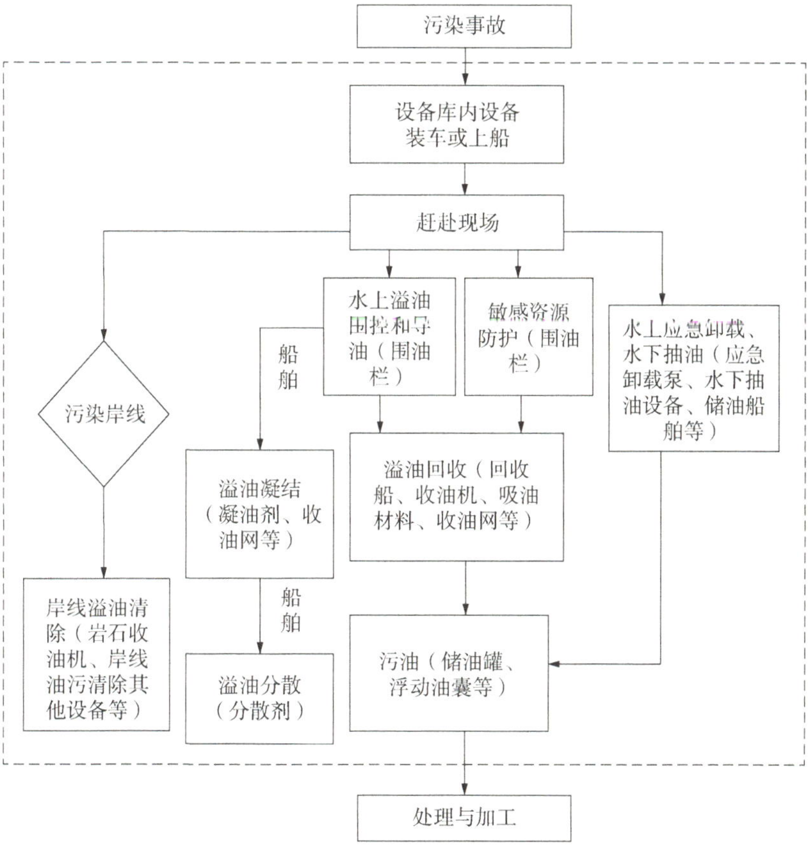

图 5-4　溢油应急反应程序示意

考虑水上溢油应急反应程序，同时参考《国家船舶溢油应急设备库设备配置管理规定（试行）》，水上溢油应急处置能力可分为应急卸载能力、溢油围控能力、机械回收能力、溢油分散能力、溢油吸附能力、污油储存能力等。

1）应急卸载能力

应急卸载能力主要是指事故后驳油设备将难船中残余的货油或燃油驳出的能力。应急卸载是防止和减轻难船中的液货大量溢出、保护海洋环境的重要措施。船舶发生碰撞事故后，在溢出部分所载货油或燃料油后，留在货舱内的油或燃料舱内的燃料油还将持续溢出，必须尽快采取措施将液货卸载和回收。如果船舶翻沉，还需要在水下把沉船油舱中的油抽出。因此应急卸载包括水上应急卸载和水下抽油。水上应急卸载主要通过应急卸载泵对船舶液货过驳或通过破损油舱口实行舱口对舱口过驳，这个过程需要卸载设备和污油回收储运船。水下抽油过程相对复杂，包括对抽油位置进行清障和清理，确定蒸汽加热孔、抽油孔的位置，在沉船油舱底部适当部位进行钻孔，安装球阀、抽油泵，连接蒸汽管、液压管和抽油管，启动蒸汽锅炉、通过蒸汽管将沉船重油舱内的重油进行加温，通过液压泵带动卸载泵对沉船舱内的重油进行抽吸。这个过程需要水下钻孔机、水下抽油泵、高压蒸汽锅炉和污油回收储运船等设备。

2）溢油围控能力

水面溢油依靠自身的重力和油水之间的表面张力，在潮流、风和波浪作用下，迅速漂移扩散。在没有潮流的情况下，溢油将会在风的作用下，以 3%～4% 风速的速度，顺着风向漂移扩散。在无风时，溢油将以潮流的速度，随潮流漂移扩散。在海上，由于风、浪都比较大，海况也比较复杂，使海上溢油控制比近岸溢油控制困难得多。为减少溢油影响范围，溢油发生时，首先把溢油围起来，防止其继续扩散，以便于回收和处理。目前，防止溢油扩散的成形技术主要有 3 种，即化学集油剂防止扩散、围油栏防止扩散和气幕法防止扩散。

（1）化学集油剂防止扩散

集油剂是一种防止油扩散的界面活性剂，亦可以说是一种化学围油栏，适合在港湾附近使用。集油剂应用于整片溢油区的外围，阻止溢油进行扩散，缩小溢油面积，使油层厚度增加 5～10 mm，当风速大于 2 m/s 时不宜使用。目前已在加拿大、英国、荷兰等国相继被认可使用，在日本也有数种集油剂销售，但我国对集油剂的制造与使用尚未见报道。

（2）围油栏防止扩散

到目前为止，国内有效防止溢油扩散的方法主要为使用各种类型的围油栏。围油栏的作用主要体现在两个方面：一是围住溢油，达到控制溢油扩散的目的；二是使用围油栏对敏感资源和岸线进行防护，以防油膜入侵，造成敏感资源和岸线的污染。

（3）气幕法防止扩散

气幕法是一种特殊形式的防止溢油扩散方法，其装置由空气压缩机、多孔管构成。多孔管铺设在水下，由空压机供给压缩空气，当空气从管孔中逸出时在水中形成气泡上浮，同时伴随产生的上升水流在水表面形成表面流，利用表面流来防止溢油扩散。多用于港区、运河地区、潮流在 0.6 kn 以上的水域。该方法在瑞典、德国、美国都有应用，但目前在我国尚属空白。

3）机械回收能力

机械回收能力主要指所拥有的全部机械收油设备能回收的污油重量的综合能力。用围油栏将溢出的油品围截后，要对其迅速回收，防止溢油继续污染其他区域。使用各种溢油应急设备将水上溢油回收起来是溢油应急反应中首要考虑的溢油事故应对措施，也是溢油应急最主要的方法之一。目前常用的机械回收设备主要为各种类型和能力的溢油回收船、收油机、收油网等。大量的溢油机械回收设备必须用专用的或兼用的船舶运载到事故现场后再回收溢油。在风浪较大的海域，使用溢油回收船回收溢油的效果比收油机要好得多。国外相关研究和历史污染事故统计资料表明，溢油事故发生后机械回收溢油量占溢油事故总溢油量的 5%～20%。

4）溢油分散能力

溢油分散能力指溢油分散剂（包括化学分散剂、生物处理剂等）进行污油处理的能力。当天气较差或油层较薄，使用收油机或吸油材料回收溢油效果较差时，可喷洒溢油分散剂使溢油分散。溢油分散剂喷洒到水面后，经搅拌或波浪作用，将浮油分散成微小颗粒，加速了油在海水中的物理扩散、化学分解和微生物降解过程，从而达到清洁海面的目的。考虑海上溢油蒸发和机械回收的过程，根据历史污染事故相关经验，溢油分散能力应达到设备库溢油清污能力的 50% 以上。

需要注意的是，溢油分散剂会对水中生物造成一定伤害。根据《中华人民共和国防治船舶污染内河水域环境管理规定》第十三条，禁止在内河水域使用溢油分散剂。

5）溢油吸附能力

溢油吸附能力主要指吸油材料进行污油吸附的能力。当大部分水面溢油回收后，可采用吸油毡、吸油拖栏等吸油材料将剩余的少量溢油吸附回收。溢油吸附回收主要利用吸附材料本身的吸附功能，适用于吸附很薄的油层，通常在大型溢油事故的处理后期或较小的溢油事故中适用。溢油吸附回收也是在不改变溢油形态的情况下利用各种手段将油从水面分离出来，以清除溢油。溢油吸附材料主要有吸油毡、吸油拖栏和稻草等。

6）污油储存能力

污油储存能力主要指储存转运污油的能力。需利用相关装置储存回收的水面溢油，并将其转移上岸。目前主要利用的设备为储油囊、轻便储油罐、租用的油驳和油船、可加热油罐、油罐车等。在开阔水域进行溢油回收时，必须配备足够的回收油储存装置，回收作业才能连续有效进行。考虑现有收油机的回收效率一般为 40%～90%，因此溢油储存及转移能力需为机械回收能力的 2.5 倍左右。

7）其他能力

（1）凝油剂的使用

当油层面积较大、油层较薄，使用机械回收设备不太可能时，可喷洒凝油剂使溢油变为凝胶或块状，再使用收油网回收。凝油剂毒性低，处理后的溢油块便于回收，不受风浪影响，并能有效防止溢油扩散。

（2）现场焚烧

现场焚烧是一种用于开阔海域的反应对策，主要用于美国和加拿大。所产生的巨大油烟会影响到人员、设施、船舶和飞机的安全。现场焚烧技术的受制条件很多，既要有一定的油膜厚度（2～3 mm）、油膜面积，还要有与燃烧速率相适应的集油速度以及适宜的现场气候、海况和溢油的乳化程度等，同时还应有相应的设备。

5.1.3.2 岸线清污能力

岸线清污能力是指用于防止溢油漂移污染海岸线（江岸）的应急能力，包括必要的设备和物资，如岩石收油机、岸滩收油机、岸滩围油栏等。

如果海岸表面存在大量的流性溢油，就必须迅速采取清理行动，以防溢油在更大面积内扩散、上岸污染岸线，因此需要对可能被溢油污染的岸线进行保护，应在溢油达到岸线之前进行围控和回收。但溢油上岸后，也需对受到污染的岸线进行溢油控制和回收。岸线清除的方法有很多种，从人工清除到使用各种机械清除，如泵吸、机械清除、人工清除、自然恢复等方法。根据不同情况采取不同的岸线清除方法，但在过程中应注意二次污染的发生。岸线保护中主要使用的设备和材料包括应急卸载泵、岸滩围油栏、岩石收油机、清洗机、吸油材料和人工简易岸线清除工具等。我国沿海（江）地区岸线清污能力还十分薄弱，尽管在各级政府、企业的共同努力下，已配备部分设备物资，但岸线清污能力依然是水上应急能力的短板。生物处理包括向溢油增加肥料以助长和激活噬油细菌及真菌。还包括使用人工合成培养或移植微生物，把它们放置在浮油和浸油的海岸线上的方法。有一些在浸油海岸线上施用成功的报道（在溢油油膜上添加营养剂后，溢油 7 d 的减少量由 10%～20% 提高到 60%～80%）。

5.1.3.3　回收物陆上接收处置能力

回收物陆上接收处置能力主要包括回收油水混合物的接收处置能力和清污产生的危险固体废物的接收处置能力两部分。

油水混合物的接收处置能力主要包括油水混合物的贮存分离能力和废油的再利用能力。首先考虑在废矿物油利用持证单位和石油炼化企业储罐贮存油水混合物，企业事故应急池必要时也可用于油水混合物的临时贮存；油水混合物可在废矿物油利用持证企业、石油炼化企业、沿海（江）城市的含油污水处理厂进行油水分离，部分清污船舶也可直接快速分离油水混合物；部分废矿物油利用持证单位和石油炼化企业可加工再利用油水分离后的废油，危险废物焚烧持证单位也可焚烧处置油水分离后的废油。

清污产生的危险固体废物的接收处置能力主要包括危险固体废物的贮存能力和焚烧处置能力两部分。水上溢油应急产生的危险固体废物可在危险废物焚烧持证单位临时贮存，并通过危险废物焚烧设施或水泥窑协同处置设施进行焚烧处置。

5.1.4　应急队伍

现阶段我国溢油应急队伍主要包括事故现场的应急处置队伍、监视监测队伍以及组织指挥人员和应急专家队伍。应急队伍按照来源可分为国家应急队伍、社会应急队伍、企业应急队伍和临时兼职队伍，按照工作性质和时间可分为专职队伍和兼职队伍。现状队伍的层次体系是专职与兼职相结合、政府与社会相结合、国家与地方相结合。

国家应急队伍主要来自海事管理机构、救捞部门、生态环境部门、海洋管理部门等。国家应急队伍是水上溢油事故现场应急清污作业的骨干专业力量，同时又负责溢油应急处置的技术指导、国家设备库设备日常维护、日常技术培训和演练演习等。

社会应急队伍主要来自社会清污公司。社会应急队伍是水上溢油清污的重要应急力量，也是国家专业骨干力量的重要补充，主要在国家应急队伍的指导下，完成现场应急处置工作。

企业应急队伍主要来自港口码头企业、航运企业和石油石化企业等涉油企业。企业应急队伍是应急清污作业的补充力量，主要在国家应急队伍的指导下，配合社会应急队伍，共同完成溢油应急处置工作。

此外，在发生水上溢油事故时，仅通过国家应急队伍、社会应急队伍和企业应急队伍往往难以完成现场清污，一般会临时组建一支由当地渔民、普通民众和志愿者等组成的临时兼职队伍。

5.2 溢油应急设备性能及分类

溢油应急设备是处置溢油的物质基础，是实施溢油应急计划的基础手段之一。从广义上讲，溢油应急设备包括应急监视设备、应急监测设备、应急反应决策支持系统、溢油应急清污设备和相关辅助设备。本节所指的溢油应急设备主要是上述溢油应急反应对策中所涉及的溢油清污及相关配套设备。

根据应急反应对策的需要，溢油应急设备应包括以下类型：应急卸载设备、溢油围控设备、溢油机械回收设备、溢油吸附回收材料、溢油分散剂及其喷洒装备、溢油储存及转移设备、辅助设备以及其他后勤保障设备，设备分类如图 5-5 所示。

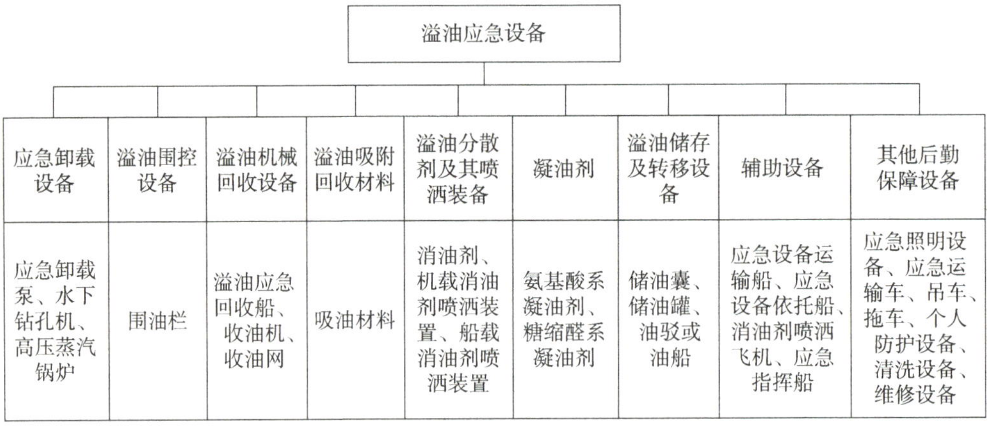

图 5-5　溢油应急设备分类体系

5.2.1　应急卸载设备

根据溢油应急反应对策，应急卸载设备主要包括应急卸载泵、水下钻孔机、高压蒸汽锅炉等。其中，应急卸载泵是应急卸载中的关键设备，水下钻孔机和高压蒸汽锅炉是其相关配套设备，且类型较为单一。

应急卸载泵主要用于回收海上大面积溢油和卸载难船燃油舱油品及货油舱油品。泵按工作原理主要分为叶片式泵、容积式泵和其他泵，其分类如图 5-6 所示，适用范围和特性比较如表 5-1 所示。目前船舶溢油事故中常用的应急卸载泵主要为离心式应急卸载泵和转子式应急卸载泵。

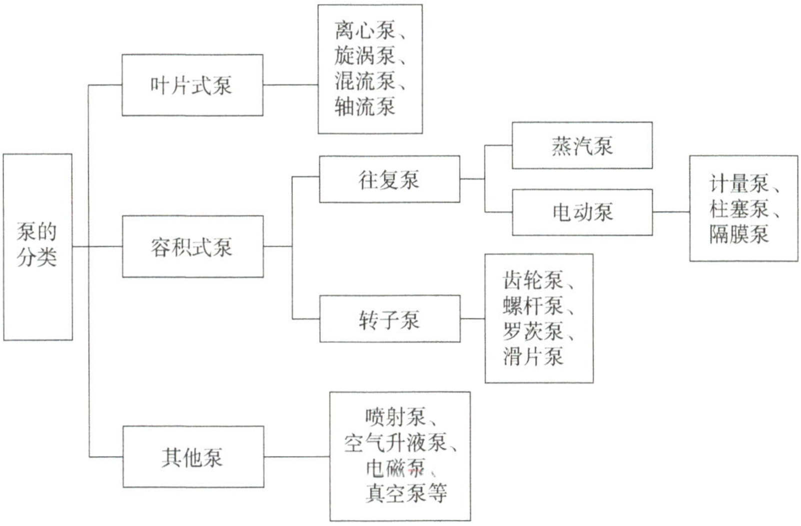

图 5-6　应急卸载泵分类示意

表 5-1　泵的适用范围和特性一览

<table>
<tr><th colspan="2" rowspan="2">指标</th><th colspan="4">叶片式泵</th><th colspan="2">容积式泵</th></tr>
<tr><th colspan="2">离心泵</th><th>轴流泵</th><th>旋涡泵</th><th>往复泵</th><th>转子泵</th></tr>
<tr><td rowspan="3">流量</td><td>均匀性</td><td colspan="4">均匀</td><td>不均匀</td><td>比较均匀</td></tr>
<tr><td>稳定性</td><td colspan="4">不恒定，随管路情况变化而变化</td><td colspan="2">恒定</td></tr>
<tr><td>范围 /（m^3/h）</td><td>1.6～30 000</td><td>150～24 500</td><td colspan="2">0.4～10</td><td>0～600</td><td>1～600</td></tr>
</table>

续表

指标		叶片式泵			容积式泵	
		离心泵	轴流泵	旋涡泵	往复泵	转子泵
扬程	特点	对应一定流量，只能达到一定的扬程			对应一定流量，可达到不同扬程，由管路系统确定	
	范围	10～2 600 m	2～20 m	8～150 m	0.2～100 MPa	0.2～60 MPa
效率	特点	在设计点最高，偏离越远，效率越低			扬程高时，效率降低较少	扬程高时，效率降低较多
	范围（最高点）	0.5～0.8	0.7～0.9	0.25～0.5	0.7～0.85	0.6～0.8
结构特点		结构简单，造价低，体积小，重量轻，安装检修方便			结构复杂，振动大，体积大，造价高	同离心泵
操作与维修	流量调节方法	出口节流或改变转速	出口节流或改变叶片安装角度	不能用出口阀调节，只能用旁路调节	同旋涡泵，另还可调节转速和行程	同旋涡泵
	自吸作用	一般没有	没有	部分有	有	有
	启动	出口阀关闭	出口阀全开		出口阀全开	
	维修	简便			麻烦	简便
适用范围		黏度较低的各种介质	特别适用于大流量、低扬程、黏度较低的各种介质	特别适用于小流量、较高压力的低黏度清洁介质	适用于高压力、小流量的清洁介质（含悬浮液或要求完全无泄漏，可用隔膜泵）	适用于中低压力、中小流量、黏度高的介质

5.2.2 溢油围控设备

溢油围控设备主要是围油栏。围油栏是一种控制水面浮油运动的浮动机械屏障，其作用主要体现在以下四点：①遏制作用（遏制溢油扩散）；②围控作用（对漂移扩散油膜进行围控）；③导流作用（将油从敏感地区导向其他区域，便于回收）；④保护作用（保护发电厂、淡化水厂的取水口以及环境敏感区域等不受污染）。

5.2.2.1 围油栏分类

目前市场上流行的围油栏种类比较多，按照包布材料、浮体结构、使用水域环境、使用情况和用途分类，其类型如表 5-2 所示。

表 5-2 围油栏分类

分类依据	围油栏类型
包布材料	橡胶围油栏、PVC 围油栏、PU 围油栏、网式围油栏、金属或其他材料制成的围油栏
浮体结构	固体浮子式围油栏、充气式围油栏、浮沉式围油栏
使用水域环境	平静水域围油栏、平静急流水域围油栏、非开阔水域型围油栏、开阔水域型围油栏
使用情况	永久布放型围油栏、移动布放型围油栏、应急型围油栏
用途	一般用途围油栏、特殊用途围油栏，如防火围油栏、吸油围油栏、堰式围油栏、岸滩式围油栏等属特殊用途围油栏

5.2.2.2 围油栏选择

选用围油栏时，应首先考虑水域环境对围油栏性能的要求和围油栏的基本性能参数，然后再考虑现场环境和围油栏操作性能。根据有关资料，选择围油栏时考虑以下几种因素。

①水域环境：水流速度、波高、浪高情况。

②围油栏的性能参数：干舷、吃水、浮重比和总拉力强度。

③围油栏操作性能：围油栏的耐用性、随波性、布放速度、密封性、维护保养、储存以及适用性。

根据国际海事组织（International Maritime Organization，IMO）的有关研究数据，围油栏最佳工作流速（围油栏和水的速度差）不超过 0.7 kn（0.36 m/s）；当相对于围油栏垂直方向的流速超过 0.7 kn 时，溢油很容易从围油栏的下面逃逸，达不到围控溢油的目的。除速度限制外，为防止围油栏裙体底部自行游离（泄漏），围油栏裙体的深度不超过水深度的 1/3。在浪高 1.0～1.5 m 时，使用高浮重比的围油栏，浮重比大于 10∶1 的围油栏在 3 kn 速度拖带下不会发生浸没失效。一般情况下，浪高大于 1.5 m 时，海上溢油围油栏围控作用较小，但可作为溢油导流的工具，通过选择一定合适的角度改变溢油方向、增加油膜厚度。根据国际海事组织（IMO）《油污手册　第Ⅳ部分——抗御油污》（*Manual on Oil Pollution, Section* 4：*Combating Oil Spills*），围油栏选择考虑以下情况（如表 5-3 所示）。

表 5-3　不同操作条件下围油栏的选择

指标	水域范围				
	平静水域	平静急流水域	遮蔽水域	开阔水域	开阔恶劣水域
浪高 /m	<0.3	<0.3	0～1.0	0～2.0	>2.0
环境状况	小浪，无浪花	流速≥0.4 m/s	小浪，一点浪花	中浪，浪花多	大浪，浪花泡沫
围油栏类型	固体浮子式、充气式、自充气式、栅栏型	固体浮子式、充气式、自充气式	固体浮子式、充气式、自充气式、栅栏型	固体浮子式、充气式、自充气式、具有外拉力支持的栅栏型	固体浮子式、充气式、自充气式
高度 /mm	150～600	200～600	450～1 100	900～2 300	>1 500
浮重比	3∶1	4∶1	4∶1	8∶1	8∶1
最低张力强度 /N	6 800	23 000	23 000	45 000	>45 000

根据表 5-3 中围油栏选择参数，参考国内外船舶溢油事故应急反应主要使用围油栏的情况，充气式围油栏、自充气式围油栏、固体浮子式围油栏、岸滩围油栏和防火围油栏的工作原理与优缺点比较如表 5-4 所示。

表 5-4　围油栏工作原理与优缺点比较

围油栏	工作原理	优　点	缺　点
充气式围油栏	由膨胀的气室提供浮力，配重部分由配重链或注水舱室组成	充气式围油栏气室的分布和数量使得围油栏纵、横面富有弹性，从而决定乘浪性能高，即使有破孔也不影响正常作业，比较适合远海区域	损坏造成气室干舷损失；逐个气室充气，造成速度缓慢；大型围栏配套设备沉重
自充气式围油栏	采用充气浮腔作为浮体的围油栏，但围油栏具有能使浮体自动展开的机械装置并在布放后吸入空气	气室通常采用密封，减少了每节干舷损失的可能性，便于操作、储存，能够迅速布放，适合空运，减少充气时间	气室易损坏；价格昂贵，修理费用高；回收较困难

续表

围油栏	工作原理	优 点	缺 点
固体浮子式围油栏	采用固体材料做浮体的围油栏	浮子的损坏不会减少干舷，价格便宜，原材料广	体积大，不易操作，乘波性差；需要大的储存空间，储存期间易变形；不适于开阔水域作业
岸滩围油栏	岸滩围油栏能在落潮时紧密搁置在岸滩上，而在其余时间形成常规的浮栏，主要防止溢油上岸，保护敏感岸线和资源	具有优良的岸线封闭特性、良好的随波性，需要的储存空间小，充气时间短（损坏容易造成全部浮力损失）	布放成型，速度缓慢；使用后，维护复杂
防火围油栏	防火围油栏在拦截水面流淌火、防止火势蔓延、控制石油井喷等作业中有着不可替代的作用。由耐火材料制成	适用于近海、海湾、油港码头等水域的固定布放和应急布放。对无法回收的溢油，可使用防火围油栏拖带溢油到适当的地点进行燃烧处理。适合码头区域和外海区域发生油层着火的情况	存储面积大，布放和回收较为困难

5.2.3　溢油机械回收设备

5.2.3.1　收油机

收油机是一种使用机械原理、回收溢油、遏制溢油污染的机械设备装置，使用收油机对海洋环境带来的危害最小。按其工作原理和操作环境，主要分为四类：堰式收油机、亲油性收油机、流体动力型收油机和其他类型收油机。其特点和使用范围如表 5-5 所示。

5.2.3.2　溢油应急回收船

溢油应急回收船是用于回收水上溢油的船舶，主要是在船舶上配备溢油回收装置、回收油储存舱、驳运装置、机械动力系统和垃圾回收设备等。与单一收油机相比，溢油应急回收船具有回收能力大、效率高、抗风浪能力强、回收污染物储存量大的优点，特别适用于大规模溢油事故中溢油的回收处理。

表 5-5　收油机分类及特点分析

类型	工作原理	主要类型	适用油种	适用场合及效果
堰式收油机	是利用油和水的密度不同、油漂浮在水面的原理收油。堰口高度到正好在油层下面，使油流入集油槽中，然后被泵送走。收油效率低，受外界环境影响较大。除围油栏组合型收油机外，基本在行进中不能收油	基本型	适合轻质油、中质油	适合浅水域，油膜厚度大于 5 mm，最大流速小于 1 kn，适用于波高小于 0.3 m 的平静水域、水深 0.3 m，在行进中不能收油
		重型螺旋杆	适合中质油、重质油	限用于 2 级海况，最大流速 2 kn，适合浅水域，在行进中不能收油
		围油栏组合型	适合轻质油、中质油	限用于 2 级海况，最大流速 1 kn，水深大于 1.5 m，回收效率低，在行进中能收油
		真空抽吸式	适合轻质油、中质油	限用于 0 级海况，平静水域，油膜厚度大于 5 mm 时回收效率高，在行进中不能收油
		自成水平堰式	适合轻质油、中质油	限用于 0 级海况，平静水域，浅水水域，最低水深 300 mm，基本在行进中不能收油
亲油性收油机	利用亲油材料做成的收油机，溢油被吸油材料吸附后再被刮掉或挤出至集油容器中，被泵抽走。收油效率高	圆盘式	较适合轻质油、中质油	限用于 3 级海况，最大流速小于 1 kn，设备吃水小于 300 mm，油膜厚度大于 5 mm 时具有较高回收效率，在行进中不能收油
		绳式	较适合中质油	限用于 3 级海况，最大流速 5～6 kn，在行进中不能收油
		刷式	较适合中质油、重质油、乳化油和残油	最大流速 2 kn，在行进中不能收油
流体动力型收油机	利用浮油与收油机的相对流动性来回收和分离溢油，适合安装于船上	前进型可调堰板式	较适合轻质油、中质油	限用于 2 级海况，最大流速 3 kn，可以在行进中收油，水深大于 1.2 m
		动态斜面式	较适合轻质油、中质油	最大流速 3～4 kn，可以在行进中收油，回收物含水量少，在恶劣海域回收效率低
		向上转动亲油带式	适合回收中质油、重质油	最大流速小于 1 kn，在 3 级海况下有效，可以在行进中吸油
		向下转动亲油带式	较适合轻质油、中质油	最大流速小于 2 kn，在 3 级海况下有效，可以在行进中吸油
		涡流堰式	较适合轻质油、中质油	最大流速小于 1 kn，不可以在行进中吸油，能从数英尺外回收油

续表

类型	工作原理	主要类型	适用油种	适用场合及效果
其他类型收油机	有带孔的螺旋状的鼓，鼓旋转以回收浮油。这些网孔允许水透过，但能够滞留溢油，油被回收到集油器，然后被传送到远处	桶式收油机（鼓式收油机）	较适合轻质油、中质油	—
	传送带上有 4 个或更多的带孔水斗，水能够从孔中流出，剩下污油在收油机顶端进入回收槽	水车式收油机	较适合轻质油、中质油、重质油	最大流速小于 1.5 kn，油膜厚时回收效率高
	利用网孔过滤直接回收油品	收油网	适合块状溢油、黏油海草、吸附材料、半固态乳化油、油球或高黏度油	对波浪不太敏感，可连续回收溢油，回收效率较高

注：1 ft=0.304 8 m。

溢油应急回收船的性能和特点是由溢油回收装置的性能和特点决定的。因此，按照溢油回收装置工作原理的不同，将溢油应急回收船分为水动力（DIP）式溢油应急回收船、抽吸式溢油应急回收船、黏附式溢油应急回收船和堰式溢油应急回收船。

根据船舶使用水域不同，将溢油应急回收船分为沿海大型溢油应急回收船、沿海中型溢油应急回收船、沿海小型溢油应急回收船和内河多功能环保船。

1）沿海大型溢油应急回收船

沿海大型溢油应急回收船具有布放和拖带围油栏、进行难船残油卸载、水下抽油、水上溢油应急回收、喷洒分散剂、消防救生和应急指挥等功能，储油能力不小于 1 000 m^3，并且能储存有腐蚀性的散装液体化学品。船长 60 m 以上，最少 20 人作业，满足Ⅰ类海区作业需要，可载运大型溢油应急设备和作为应急作业的工作母船，平时可作为船舶垃圾回收或抢险打捞作业船舶。

2）沿海中型溢油应急回收船

快速的沿海中型溢油应急回收船的储油能力不小于 300 m^3，船长 40～50 m，由 10～20 人作业。配备专用溢油围控、回收、分散剂喷洒设备，具有溢油围控、回收、储运功能，满足Ⅲ类航区作业需求。

3）沿海小型溢油应急回收船

沿海小型溢油应急回收船的甲板面积为 200～400 m^2，储油能力不小于 100 m^3，船长 20～40 m，由 8～15 人作业，配备专用溢油围控、回收、分散剂喷洒和固体垃圾回收设备，适用于Ⅲ类航区。

4）内河多功能环保船

适合内河使用的中小型多功能环保船的回收油舱容积为 10～50 m^3，船长 9～20 m，配有溢油围控回收设备、内河无分散剂、浮动油囊、漂浮垃圾回收装置和油水分离器等。可进行溢油围控、回收和垃圾回收，平时可以接收船舶油污水和垃圾。

5.2.3.3 收油网

对水面上乳化的溢油、与垃圾混合的溢油和高黏度溢油，特别是在寒冷季节的高黏度溢油，用撇油器难以回收时，使用收油网可以达到较好的效果。收油网是回收水面高黏度浮油、焦油球、巧克力冻状油的设备。使用时，收油网在外力拖带下行走，水面上的块状溢油被围油栏导引到收油网，水和油一起进入网内，但水通过网孔流走，而块状溢油留在网内。按照拖带外力的不同，可分为船用收油网和人工收油网。

1）船用收油网

船用收油网主要由支撑臂、支撑臂浮漂、收油网支撑框架、连接围油栏和集油网组成。

收油网的布放有多种形式：可以使用两艘船舶共同拖带一个收油网，由第三艘船舶控制收油网中积聚的溢油。也可以使用一艘船舶单侧拖带收油网回收溢油或一艘船舶双侧拖带收油网回收溢油。

机械收放的收油网具有回收速率高、适用于开敞水域作业、扫海面积广、受水面垃圾影响小、受海况影响小和结构简单等优点。但是，有需要起吊装置协助作业和适用油种受限等缺点。

2）人工收油网

人工收油网是指用人工手动操作的收油网，由网、网支架和手柄组成。这种收油网结构简单、操作方便、造价低廉。主要适用于在岸边、港口、船舶上回收被溢油污染的垃圾和吸附了溢油的吸油材料，通过清除收油机周围的垃圾，有利于收油机的正常工作。

5.2.4　溢油吸油回收材料

利用溢油吸油回收材料回收海上溢油是目前世界各国经常采用的一种简单并有效的技术方法。在吸油材料吸油特性方面，我国还没有制定行业标准。日本对申请认可的吸油材料在吸油、吸水性能方面有以下规定：①对重油的吸油量应达到 6 g/g 或 0.8 g/cm^2；②吸水量应在 1.5 g/g 或 0.1 g/cm^2 以下。

根据国内吸油材料的生产情况，吸油材料主要包括吸油毡、吸油拖栏和吸油锁等，其材质主要分为天然有机材料、人造合成材料和无机材料等（如表 5-6 所示）。其中，人工合成材料使用最广泛。吸油材料的使用范围如表 5-7 所示。

表 5-6　吸油材料的吸油能力

吸油材料		每克吸油材料的最大吸油能力 /g		吸油后状态
		高黏度油	低黏度油	
无机	蛭石	4	3	沉
	火山岩灰	20	6	浮
	矿物棉	4	3	浮

续表

吸油材料		每克吸油材料的最大吸油能力 /g		吸油后状态
		高黏度油	低黏度油	
天然有机	玉米谷穗	6	5	沉
	花生壳	5	2	沉
	红木纤维	12	6	沉
	麦秆	6	2	沉
	泥炭块	4	7	沉
	木纤维	18	10	沉
人造合成	聚氨酯泡沫	70	60	浮
	脲（甲）醛树脂泡沫	60	50	浮
	聚乙烯纤维	35	30	浮
	聚丙烯纤维	20	7	浮
	聚苯乙烯粉	20	20	浮

表 5-7 吸油材料的用途

吸油材料形式	用　途
片状	投放在限定水域，用于吸收少量轻质油，放置一段时间以保证其效果，但应注意回收。不宜在开阔水域使用；与浮油接触后，容易表面沾染而不能吸收更多的油，大量投放后回收较为困难，漂移后易污染未溢油的水域
卷筒型	在使用时可按长度割断，用来保护通道、未被污染水域，回收较为容易
枕垫型	用来回收少量污油，可以将松散材料装入带有网眼的网状物中，便于回收
掸子型	由几股聚丙烯纤维编织在一起形成，可单独使用，也可用绳子捆在一起以保护大面积区域，这种形式的吸油材料对高黏性油和风化油很有效
栅栏型	也称吸油拖栏，具有双重用途，可用来吸入油，也可以作为围油栏使用，但只限于平静水域。由于吸油材料被紧密包容在网状物中，表面被油沾染，吸油效果受到一定的影响
颗粒型	不用于水面吸附油，可用于不能进入的地区稳定搁浅油

5.2.5　溢油分散剂及其喷洒装置

5.2.5.1　溢油分散剂

1）溢油分散剂作用

溢油分散剂是一种改变海上溢油物理形态的化学物质，是由表面活性剂和有助于渗透作用的溶剂构成的一种混合物。表面活性剂降低油膜的表面张力，加快了小油滴的形成并能抑制油滴的聚合。油分散后增大了油水界面，也增大了油与水中溶解氧和细菌的接触机会，提高生物降解速率。溢油分散剂通过将油分散到水中，可以产生以下影响：①阻止风对油膜运动的作用（通常是向岸风），因此分散剂能对那些易受油影响的海岸和敏感区域起到保护作用。②在油被分散的区域，增加了海洋生物对油的暴露程度，因此溢油分散剂使局部区域油的毒性增强。③提高油在海洋环境中的生物降解速率，油经分散后增大了油水界面，有利于提高油的生物降解能力。但溢油分散剂并没有将溢油从水中回收，只是使其溶解于水中，因此在溢油分散剂使用中可能存在二次污染。

在溢油分散剂的使用方面，由于其毒性引起的二次污染问题，各国都有自己的规定：如瑞典禁止使用溢油分散剂。德国反对其在水中的使用。英国规定只有在使用分散剂后，油 - 分散剂混合物的毒性不大于油本身的毒性的情况下，才可以在溢油事故中使用。根据《赫尔辛基公约》的规定，在波罗的海中不准使用分散剂。美国规定只有溢油超过 30 t、水深大于 150 m 并且远离海岸的情况下，才可以使用分散剂。挪威规定，一次溢油分散剂使用量超过 1 000 L 以上者必须得到国家污染控制局的批准。日本严格控制分散剂毒性，要求厂家按照统一的质量标准进行生产和销售，并且禁止在内海、内河、离岸 1 000～2 000 m 以内的海域以及有养殖场的地方使用分散剂。我国也对溢油分散剂提出了相关规定，《溢油分散剂　技术条件》（GB 18188.1—2000）对溢油分散剂性能提出了相关指标。

2）溢油分散剂使用

溢油分散剂使用受以下几方面因素影响：一是厚度。溢油分散剂只能处理 5 mm 以下厚度的溢油，如果溢油厚度在 5 mm 以上，不但溢油分散剂乳化分散溢油的效果不佳，而且其使用量过大。二是溢油黏度。溢油分散剂适合于处理比重中等而且具有挥发性的原油和燃料油。轻质燃料油和轻质原油比重小，易于挥发，其风化的半衰期只有十几个小时，因此溢油可以自然消散入大气中；比重大的原油和燃料油不易挥发，其风化的半衰期长达 100 多个小时，对这种溢油使用溢油分散剂的效果不佳。比重大的重原油和残油几乎不发挥，使用溢油分散剂处理这种油是无效的。溢油分散剂适合处理黏度小于 1 000 cSt[①]的油品；溢油分散剂对黏度在 2 000～5 000 cSt 的油品［如高黏稠原油、高蜡质原油以及风化油（“巧克力奶油冻”）、焦油球等］是不起作用的。三是水温。目前国内外市场上流通的溢油分散剂大都要求在 15℃以上水温中使用，否则会影响其乳化分散效果，并可能加重海洋环境负荷，不利于海洋的自净化过程。四是应急反应时间。溢油含水率大于 60% 时，溢油分散剂几乎不起作用。根据相关研究资料（Fingas，2001），中质原油入海后，经过 2 h 便形成“巧克力奶油冻”，含水率达到 50%～60%。五是使用地点限制。在浅水区、养殖区、水资源利用区等环境敏感区域应限制溢油分散剂的使用。

由于溢油分散剂是通过提高油在水中的自然溶解率而发挥作用，因此使用分散剂时，需要有一些能量促使其发挥作用，通常需要 3 级以上的风力才能保证足够的自然混合能量。对少量的溢油而言，采取机械搅拌等措施会得到较好效果。使用化学消油剂处理溢油时，其环境水温应不低于拟处理油的倾点，最好要高于拟处理油的倾点 5℃以上。

3）溢油分散剂分类

按照《溢油分散剂　技术条件》（GB 18188.1—2000），分散剂的分类依据其所含表面活性剂和溶剂的比例而定，分为常规型（也称“普通型”）和浓缩型。

常规型分散剂的表面活性剂含量为 15%～25%，在使用前不用稀释，使用比率（分散剂：油）在 1：1～1：3。浓缩型分散剂的表面活性剂含量一般在 50% 以上，以酒精或乙二醇为溶剂，处理高黏度油效果差；使用时可直接喷洒，也可以与海水混合喷洒，使用比率（分散剂：油）在 1：10～1：30 为宜。实际应用中，常规型分散剂用量起码为溢油量的 20% 以上，以 30%～40% 为好，而在处理黏度小或薄油层时，耗量更可达到溢油量的 100%。

根据国际海事组织（IMO）《油污手册　第Ⅳ部分——抗御油污》，表 5-8 列出了针对各种油类最有效的溢油分散剂种类。

5.2.5.2 溢油分散剂喷洒装置

溢油分散剂喷洒装置主要用于溢油分散剂的喷洒。溢油分散剂喷洒装置用于喷洒具有一定浓度的溢油分散剂，通常用在开阔的海上。既可以从飞机上喷洒溢油分

① 1 cSt=10^{-6} m²/s。

表 5-8 溢油分散剂种类及使用范围

油的种类	溢油分散剂种类		
	常规型	浓缩型	
		水稀释后应用	不稀释直接应用
轻质燃料油	①	①	—
高扩散率（低比重）的石油产品和原油	④	④	④
低扩散率（高比重）的沥青质原油、油渣及风化的油	②	③	②
含蜡原油	②	③	②
乳化油	②	③	②
非扩散性油类	③	③	③

注：①只有在防止火灾的情况下使用溢油分散剂。由于这些油的高挥发性和高毒性，通常不使用溢油分散剂。

②效力严重受限或没有效果。

③溢油分散剂没有效果。

④溢油分散剂对新鲜的油类有效果。

散剂，也可以从船上喷洒。固定翼飞机和直升机可以用来进行空中的溢油分散剂喷洒，几乎所有的船舶都能用来喷洒溢油分散剂，同时可以人工实现溢油分散剂的喷洒。按照使用方式不同，将溢油分散剂喷洒装置分为空中喷洒设备、船载喷洒装置和人工喷洒装置。

1）空中喷洒设备

空中喷洒设备可以是固定的或便携式的。在机身下或机翼上安装的泵浦系统能将分散剂打入喷洒臂。空中喷洒只适用浓缩型分散剂，并且泵和管线也要适合进行这种高黏度产品的喷洒作业。应按照分散剂制造商提供的剂量率调整设备的排放率。同时，液滴直径的大小对分散剂也很重要，直径在 300～1 000 μm 最合适。直升机使用的喷洒系统有两种类型：一种是在飞机上装泵浦和喷洒臂，另一种是在直升机的货钩上吊装一个由储料箱、泵浦、喷洒臂组成的“吊罐”来进行喷洒作业。

2）船载喷洒装置

船载喷洒装置种类较多，有长期安放在拖船上的大型喷洒设备，也有小船用的便携式近岸喷洒设备。喷洒臂从船的两侧伸展开来，呈直线排列并与船舶航迹垂直的喷嘴以扇面形状进行喷洒。

3）人工喷洒装置

人工喷洒装置是为配合空中喷洒设备和船载喷洒装置的使用，依靠人力对溢油分散剂进行喷洒的装置。人工喷洒装置便于运输，用手持喷枪喷洒，操作方便，适合于分散面积不大的水上溢油清理。

5.2.6 凝油剂

凝油剂是一种使溢油胶凝成块状物的固体粉末化学制剂。凝油剂与油作用形成溢油凝胶。凝胶是分散体系的一种特殊形式，由固液两相组成，在固相形成网状结构，这样固相的网状结构限制了液相质点的活性，形成了凝胶。在溢油凝胶的形成过程中，凝油剂的作用是形成网状结构，将大量油和少量水包藏在其中，形成稳定的溢油凝胶。

凝油剂种类较多，按其构成主要分为氨基酸系凝油剂和糖缩醛系凝油剂。不同种类凝油剂的性能差异较大，因此不同种类凝油剂适用于不同的溢油类型。氨基酸系凝油剂对原油、燃料油、油脂及润滑油等有较好的凝胶作用，而糖缩醛系凝油剂对乙醇类、芳香族系油剂、甘醇类等有较好凝胶作用。不同种类凝油剂凝油所需时间略有差异，凝油时间为6～30 min。如大豆饼渣复合凝油剂适用油种范围广，凝油过程仅需3～4 min，其用量为油量的50%～60%。另外，国外开发的强力吸油粉不仅可以吸附油类（汽油、柴油），也可吸附苯类（苯、苯酚）、不饱和烃、艾氏剂等多种有机溶液，其吸附性很强，吸附的油类等的重量可达到其自身重量的600%。

5.2.7 溢油储存及转移装置

在溢油回收作业中，回收溢油的储存和转移也非常关键。目前一般利用浮动油囊、轻便储油罐等储存回收溢油。

5.2.7.1 浮动油囊

浮动油囊是一种可漂浮在水面并可拖带的柔性储液容器。在溢油应急行动中用作水面储存和运输油的工具。浮动油囊用橡胶材料制成，并有气室可以充气以作为浮体使油囊漂浮，油囊端部有拖头可供船舶拖拉油囊，容积一般为5～200 m^3。

5.2.7.2　轻便储油罐

轻便储油罐是一种可以在陆地和岸滩上应急使用的轻便型储油容器。具有携带方便、安装便捷的特点。可储存回收的溢油和多数其他液体，可用作重力分离罐、实验水池。

5.2.8　其他后勤保障设备

5.2.8.1　设备运输车

主要用于设备库房内应急反应设备的装卸及运输，包括叉车、半拖挂式运输车、集卡运输车等。

5.2.8.2　起吊设备

考虑设备库房内溢油应急设备的装卸，设备库房内配置手动或自动桥式起重机。根据设备库房内溢油应急设备的重量，建议起重机最大起吊量为 5～6 t。考虑应急设备在岸、船之间的装卸，设备库房内配置汽车吊，汽车吊最大起吊量为 50 t 左右。

5.2.8.3　高压清洗机

高压清洗机专门用于无电缆连接以及需要热水的工作场合。特别是可在开阔区域清洗物体、机械设备以及建筑设施。设备体积小，能根据不同需要产生不同温度的热水和蒸汽，用于向收油机输送泵提供高温蒸汽，便于高黏度原油的输送，可清洗围油栏并可作为岸线清理设备。

5.2.8.4　集装箱

集装箱主要用于溢油应急设备的存放和陆路运输，有利于提高应急反应速度。沿海设备库可采用 20 ft 标准集装箱或 10 ft 标准集装箱，内河设备库可采用 10 ft 标准集装箱。

5.2.8.5　设备托架

依据各设备形状定做设备专用托架（托盘），便于应急设备的装卸和运输。

5.2.8.6 其他设备

后勤保障设备主要保障应急行动的有序和安全进行，包括夜间照明设备、应急通信设备（防爆手机）、应急反应人员安全防护设备、维修和保养设备、物资管理信息系统等。

其中应急反应人员安全防护设备主要用于应急反应人员的个人健康防护。应配有个人溢油应急所用的各种生活用品，具有防水、防电、耐酸、耐碱和耐腐蚀性。

5.3 溢油应急能力常用评估方法

5.3.1 国外溢油应急能力常用评估方法

美国于1992年颁布了《美国海岸警备队溢油清除组织分类指南》（以下简称《指南》），对不同溢油事故的应急反应能力进行了界定。于1995年和1997年分别对其进行了调整；2001年5月，又对临时储存能力、油品回收能力等指标作了修改。《指南》将可能发生的事故规模分成4类，分别为M级、W1级、W2级、W3级；将溢油事故地点分成6类，分别为河流、湖泊、内水、近岸、近海、远海。该《指南》将核心应急资源分成5类，分别是防护围油栏、有效日收油能力及围控型围油栏、临时储存能力、应急船舶、应急人员等。美国海岸警卫队还开发了一套应急防备标准和计量软件，可在网上在线评价（PSAMS系统）。在机械回收能力的计算方面，美国海岸警卫队的计算方法中，不仅考虑了回收速率、回收效率及污油浓度等因素，也将油膜厚度、扫油宽度、收油机前进速度等指标纳入评估模型中（United States Coast Guard，2011）。根据上述级别划分，对每一类水域内每个级别的设备库均给出了溢油应急设备的性能或数量指标（如表5-9～表5-11所示）。

表5-9 不同级别溢油事故的溢油量

等级	油品操作设备	船舶溢油数量
M级	1 200 bbl或W级情况下的10%	2 500 bbl或W级情况下的10%
W级（包括W1级、W2级、W3级）	可能预见的最大事故泄漏量	不同类型的船舶油舱内的油量全部溢出量

注：1 bbl=0.159 m^3。

表 5-10　不同区域溢油应急设备配置量

操作区域	针对事故能力	M 级	W1 级	W2 级	W3 级
河流、河口	保护型围油栏 /ft	4 000	25 000	25 000	25 000
	围控型围油栏 /ft	1 000+300×收油机数量	1 000+300×收油机数量	1 000+300×收油机数量	1 000+300×收油机数量
	每日收油量 /（桶 /d）	1 200	1 875	3 750	7 500
	临时储油量 / 桶	2 400	3 750	7 500	15 000
湖泊	保护型围油栏 /ft	6 000	30 000	30 000	30 000
	围控型围油栏 /ft	1 000+300×收油机数量	1 000+300×收油机数量	1 000+300×收油机数量	1 000+300×收油机数量
	每日收油量 /（桶 /d）	1 200	6 250	12 500	25 000
	临时储油量 / 桶	2 400	12 500	25 000	50 000
内水	保护型围油栏 /ft	6 000	30 000	30 000	30 000
	围控型围油栏 /ft	1 000+300×收油机数量	1 000+300×收油机数量	1 000+300×收油机数量	1 000+300×收油机数量
	每日收油量 /（桶 /d）	1 200	12 500	25 000	50 000
	临时储油量 / 桶	2 400	25 000	50 000	100 000
近岸	保护型围油栏 /ft	8 000	30 000	30 000	30 000
	围控型围油栏 /ft	1 000+300×收油机数量	1 000+300×收油机数量	1 000+300×收油机数量	1 000+300×收油机数量
	每日收油量 /（桶 /d）	1 200	12 500	25 000	50 000
	临时储油量 / 桶	2 400	25 000	50 000	100 000
近海	保护型围油栏 /ft	8 000	15 000	15 000	15 000
	围控型围油栏 /ft	1 000+300×收油机数量	1 000+300×收油机数量	1 000+300×收油机数量	1 000+300×收油机数量
	每日收油量 /（桶 /d）	1 200	12 500	25 000	50 000
	临时储油量 / 桶	2 400	25 000	50 000	100 000
远海	保护型围油栏 /ft	0	0	0	0
	围控型围油栏 /ft	1 000+300×收油机数量	1 000+300×收油机数量	1 000+300×收油机数量	1 000+300×收油机数量
	每日收油量 /（桶 /d）	1 200	12 500	25 000	50 000
	临时储油量 / 桶	2 400	25 000	50 000	100 000

表 5-11　各类型应急组织反应时间标准分级　单位：h

操作区域	泄漏设备	区域	M 级	W1 级	W2 级	W3 级
河流、河口	含油设备设施	吞吐量较大的港口	6	12	30	54
		其他地区	12	24	36	60
	油船	吞吐量较大的港口	12	12	36	60
		其他地区	24	24	48	72
湖泊	含油设备设施	吞吐量较大的港口	6	12	36	60
	油船	吞吐量较大的港口	12	18	42	66
内水	含油设备设施	吞吐量较大的港口	6	6	30	54
		其他地区	12	12	36	60
	油船	吞吐量较大的港口	12	12	36	60
		其他地区	24	24	48	72
近岸	含油设备设施	吞吐量较大的港口	6	6	30	54
		其他地区	12	12	36	60
	油船	吞吐量较大的港口	12	12	36	60
		其他地区	24	24	48	72
近海	含油设备设施	吞吐量较大的港口	6	6	30	54
		其他地区	12	12	36	60
	油船	吞吐量较大的港口	12	12	36	60
		其他地区	24	24	48	72
远海	含油设备设施	吞吐量较大的港口	6	6	30	54
		其他地区	12	12	36	60
	油船	吞吐量较大的港口	12	12	36	60
		其他地区	24	24	48	72

《指南》规定，在配备的设备中必须有一定比例的溢油回收设备、临时存储设备、油品驳船等能够适用于深度为 6 m 及以下的浅水区域，其具体分配比例如表 5-12 所示。

表 5-12　能够在浅水区域进行溢油清污的设备的比例　　单位：%

水域类型	溢油回收和清除设备	油品驳船
内河	20	20
湖泊	20	20
沿岸水域	20	20
近岸水域	20	20
近海	10	10
远海	0	0

加拿大交通部、海运理事会根据《加拿大海运法案》和《加拿大 1993 法令》，制定了加拿大海洋溢油事故防护与应急反应制度，确保加拿大能够更好地应对船舶溢油事故污染，并制定了应急反应组织标准。加拿大政府制定的应急反应组织标准中，将所能应对最大溢油事故规模的能力分为 4 个等级，其中 1 级应急反应应对的最大溢油事故规模为 150 t，2 级应急反应应对的最大溢油事故规模为 1 000 t，3 级应急反应应对的最大溢油事故规模为 2 500 t，4 级应急反应应对的最大溢油事故规模为 10 000 t。该标准要求，在岸线回收能力方面，应至少拥有每日 500 m 岸线溢油应急防护能力；在水上回收能力方面，在封闭水域或开放水域进行溢油事故的水上回收作业时，应当在应急设备到达受影响区域并开始工作后 10 个工作日内完成溢油回收；在储存能力方面，应有能够连续收油 24 h 的初级临时储油 / 油水装备以及至少两倍能力的二级临时储油 / 油水装备。

挪威气候与污染局、石油工业协会出台了应对挪威沿海溢油事故的指南，内容包括对围油栏和收油机的应急反应时间、收油速率、扫海能力等的要求。挪威政府出台的指南只提出了应急能力的各项功能性要求，没有提出具体的定量要求。

5.3.2　国内溢油应急能力常用评估方法

交通运输部出台了一系列关于溢油应急的法规文件和标准指南，从溢油应急装备和物资的角度对溢油应急能力的构成和评估进行了细化。

5.3.2.1　《国家船舶溢油应急设备库设备配置管理规定（试行）》

2008 年，交通运输部为加强国家船舶溢油应急能力建设、合理确定国家船舶溢油应急设备库功能，颁布了《国家船舶溢油应急设备库设备配置管理规定（试行)》(以下简称《规定》)。《规定》提出，溢油应急设备库的综合清除控制能力是指设备能够应对的一次溢油事故的最大溢油量，是由应急卸载能力、溢油围控能力、机械回收能力、污油储运能力、溢油分散能力、溢油吸附能力等组合构成。此外，《规定》给出了设备库中应急卸载、应急围控、机械回收、污油储运、溢油分散和吸油材料设备数量与应急能力的数学模型。该模型可以用于应急能力的评估，《规定》中的应急能力评估公式如表 5-13 所示。该模型针对溢油应急清除控制能力提出了定量化方法，但未涉及应急组织指挥、监视监测等方面。

表 5-13 《国家船舶溢油应急设备库设备配置管理规定(试行)》中的应急能力评估公式

序号	应急能力名称	评估方法	备 注
1	应急卸载能力	沿海水域：(小时卸载能力 -100) × 0.9 × 18	油品平均密度取 0.9 t/m³，沿海和长江干线水域应急时间分别取 18 h 和 12 h，100 m³/h 为卸载余量
		长江干线：(小时卸载能力 -100) × 0.9 × 12	
2	溢油围控能力	沿海水域：(围油栏长度 -1 000)/1.25	防护型围油栏长度按照 1 000 m 计算，按照每吨溢油需要 1.25 倍围油栏长度估算
		长江干线：(围油栏长度 -600)/2.5	防护型围油栏长度按照 600 m 计算，按照每吨溢油需要 2.5 倍围油栏长度估算
3	机械回收能力	沿海水域：(小时机械回收能力 -50) × 3 × 8 × 5%/1.2	沿海水域按照机械回收作业 3 d、每天工作 8 h 计算，收油机有效收油能力占标定收油能力的 5%，设备完备率为 80%，50 m³/h 为机械回收余量
		长江干线：(小时机械回收能力 -50) × 2 × 8 × 10%/1.2	沿海水域按照机械回收作业 2 d、每天工作 8 h 计算，收油机有效收油能力占标定收油能力的 10%，设备完备率为 80%，50 m³/h 为机械回收余量
4	溢油分散能力	溢油分散剂数量 × 3	实际溢油分散剂投放量与分散溢油量比例取 1 : 3
5	溢油吸附能力	溢油吸附剂数量 × 5	实际吸附倍数取 1 : 5

5.3.2.2 《船舶溢油应急能力评估导则》(JT/T 877—2013)

2011 年，交通运输部海事局印发了《船舶污染海洋环境风险评价技术规范(试行)》(以下简称《规范》)。《规范》规定了应急卸载能力、围控与防护能力、回收与清除能力(包括回收能力、临时存储能力、喷洒溢油分散剂能力、吸附能力)、应急船舶能力(包括溢油应急处置船能力、应急辅助船舶能力)、应急人员(包括指挥人员、操作人员)、应急预案、后勤保障能力(包括通信手段、资金支持、设备库地点、交通运输工具等）的评估方法。《规范》较为全面地对船舶溢油风险提出了评价技术，可操作性较强。但是在应急人员、应急预案、后勤保障能力等方面并未提出明确的评估方法。

2013 年，交通运输部发布了《船舶溢油应急能力评估导则》（JT/T 877—2013）（以下简称《导则》)。《导则》给出了船舶溢油应急能力评估的框架，对污染源控制、围控与防护、回收与清除等能力均提出了较为明确的定量化方法，其评估方法主要是对《船舶污染海洋环境风险评价技术规范（试行）》中溢油应急能力评估方法的修订和完善。

《导则》对溢油应急卸载能力、围控与防护能力、回收与清除能力提出了定量化评估方法，更侧重于与应急设备物资有关的溢油控制清除能力的定量化计算，以及设备物资间的相互匹配和适应性分析。但对应急人员、应急监视监测、应急专项资金等溢油应急能力中其他组成的评估以定性评估为主，尚未涉及定量化的方法。

1）溢油应急卸载能力

《导则》中提出的溢油应急卸载能力评估，是指评估船舶发生或可能发生溢油事故时，能够将事故船舶上的存油驳载转移至安全场所的能力。其计算公式如式（5-1）所示。对于卸载能力评估，《导则》提出需要考虑对各类型卸载泵卸载油种的适用性，并结合储存和转运能力综合评估。

$$A=C/H \tag{5-1}$$

式中：A——应急卸载设备的总流量，m^3/h；

C——油舱舱容，m^3；油轮的油舱舱容按照最大船型的货舱总舱容计算，非油轮的油舱舱容按照最大船型的非油轮的所有燃油舱的舱容计算；

H——工作时间，h；《导则》对不同船型的卸载工作时间给予了界定。

2）围控与防护能力

《导则》中提出的围控与防护能力评估，是指评估船舶发生溢油事故后，通过布设围油栏等措施对溢油进行控制，辅助溢油回收和清除，以及保护敏感资源的能力。其计算公式如式（5-2）所示。

《导则》对溢油源围控的围油栏、收油作业配套的围油栏、导流配套的围油栏、防护配套的围油栏等各类型围油栏数量的评估计算进行了界定。针对油码头火灾风险和围控需求，《导则》提出应评估防火围油栏配置的充分性。

$$L=L_1+L_2+L_3+L_4 \tag{5-2}$$

式中：L——围油栏的总长度，m；

L_1——溢油源围控的围油栏长度，m；

L_2——收油作业配套的围油栏长度，m；

L_3——导流配套的围油栏长度，m；

L_4——防护配套的围油栏长度，m。

3）机械回收能力

《导则》中提出的机械回收能力评估是指评估配备的收油机等机械回收装置具备的回收能力，以及与回收的主要油类物质、作业区域的水文气象等因素的适应性。其计算公式如式（5-3）所示。

$$E=T\times P_1/[\rho\times\alpha\times Y\times 6\times(1-\varphi_1)] \tag{5-3}$$

式中：E——收油机回收速率，m^3/h；

T——总溢油量，t；

P_1——机械回收量占总溢油量的比例，%，取值区间为 40%～60%；

ρ——油水混合物密度，t/m^3；

α——收油机实际收油速率占标定收油速率的比例，%，可参考表 5-14 取值；

Y——作业天数，沿海取 3 d，内河水域取 2 d，也可根据事故规模调整；

6——每天工作时间，h/d；

φ_1——富余量，可取 20%。

表 5-14 收油机实际收油速率占标定收油速率的比例经验值 单位：%

油品种类	实际收油速率占标定收油速率的比例（α）	
	非开阔水域	开阔水域
中质原油、燃料油	15	7
重质原油、燃料油	10	5

4）临时储存能力

《导则》中提出的临时储存能力评估，是指评估船舶临时储存装置的储存总量，分析其能否将回收的油类物质及时储存并转运。可综合考虑机械回收能力、储存容积、转运能力等因素进行评估。

通常情况下，临时储存能力应满足收油机工作 12 h 回收的油水混合物储存需求。临时储存的油类混合物应通过过驳运输、卸载等方式被及时转移处理，从而保障回收作业连续进行。

5）溢油分散剂喷洒能力

《导则》中提出的溢油分散剂喷洒能力评估，是指评估配备的溢油分散剂的数量以及配套喷洒装置的总喷洒速率。其计算公式如式（5-4）和式（5-5）所示。

$$G = T \times 10^3 \times P_2 \times R \qquad (5\text{-}4)$$

式中：G——溢油分散剂数量，kg；

T——总溢油量，t；

P_2——溢油分散剂处理溢油数量占总溢油量的比例，%，取 30%；

R——溢油分散剂与油的用量配比，常规型分散剂取值为 0.3～1，浓缩型分散剂取值为 0.1～0.2。

$$V=G/(\rho_1 \times Y \times 6 \times 60) \qquad (5\text{-}5)$$

式中：V——喷洒装置喷洒速率，L/min；

G——溢油分散剂数量，kg；

ρ_1——溢油分散剂密度，kg/L；

Y——作业天数，d，沿海取 3 d，内河水域取 2 d；

6——每天工作时间，h/d。

6）吸收吸附能力

《导则》中提出的吸收吸附能力评估，是指评估吸收材料和吸附材料的吸收吸附能力。其计算公式如式（5-6）所示。

$$I = T \times P_3/(J \times K \times \varphi_1) \qquad (5\text{-}6)$$

式中：I——吸收吸附材料数量，t；

T——总溢油量，t；

P_3——吸收吸附回收量占总溢油量的比例，%，取值区间为 20%～30%；

J——吸收吸附倍数；

K——油保持率，%；

φ_1——吸收吸附加权系数，取 0.3。

第6章 基于层次分析的溢油应急能力综合评估方法

现有溢油应急能力评估方法较多关注溢油应急设备物资所能处置的溢油规模，但对组织指挥、监视监测、应急队伍等方面的评估涉及较少，特别在定量化评估方面缺乏研究。组织指挥的准确性、监视监测的及时性以及应急队伍的专业性都会显著影响应急设备物资作用的发挥。针对上述问题，本章提出了一套基于层次分析的溢油应急能力综合评估方法。该方法首次将应急能力分为应急设备物资等“硬实力”和组织指挥、应急监视等“软实力”，分别对两类“实力”开展定量化评估，提高应急能力评估的科学性。

6.1 基于层次分析的溢油应急能力综合评估方法框架

通过梳理国内法律法规、相关研究报告和科研论文等文献资料，构建了基于层次分析的溢油应急能力综合评估指标体系。评估指标体系涵盖3层、15个指标

（如表 6-1 所示）。由于沿海溢油应急和内河溢油应急的差异，该指标体系对沿海和内河在部分指标评估方法上存在差异。

表 6-1　基于层次分析的溢油应急能力评估指标体系

目标层	准则层	指标层	类别	沿海指标	内河指标
溢油应急能力	组织指挥能力	应急预案和规划	“软实力”	√	√
		应急通信	“软实力”	√	—
		应急指挥人员	“软实力”	√	√
		信息共享和决策支持系统	“软实力”	√	√
	应急监视能力	应急监视	“软实力”	√	—
		码头监视设备覆盖率	“软实力”	—	√
		VTS 覆盖率	“软实力”	—	√
	应急处置能力	溢油围控能力	“硬实力”	√	√
		溢油回收能力	“硬实力”	√	√
		溢油吸附能力	“硬实力”	√	√
		溢油分散能力	“硬实力”	√	—
		应急辅助船舶	“软实力”	√	√
		浮式设备库	“软实力”	—	√
		应急清污人员	“软实力”	√	√
		回收物陆上接收处理能力	“软实力”	√	√
	综合保障能力	资金保障	“软实力”	√	√
		应急演习	“软实力”	√	√

第 1 层为目标层，即溢油应急能力评估的总目标，围绕溢油应急能力展开，讨论可能影响应急能力的相关因素并对应急能力做出综合评估。

第 2 层为准则层，由于溢油应急能力评估指标体系较为复杂，由众多相互关联的因素组成，因此需将其分类评估。从能力组成上看，应急能力可分为组织指挥、监视监测、应急处置和应急队伍等 4 个方面。但前 3 个指标均需要专业人员开展相关工作，因此可将应急队伍评估融入前 3 个指标中。应急监测可依托地区生态环境监测管理部门进行，能力相对充足，可不纳入评估。此外，资金保障和演习等评估相对独立，可作为综合保障类指标单独评估。因此，将第 2 层划分为组织指挥、应急监视、应急处置和综合保障等 4 类评估要素。

第 3 层为指标层，对每个准则层进行细化，描述所有的定量指标和定性指标。

针对溢油应急能力的 4 个分项能力，依据溢油应急能力的 4 个分项能力特点，选取适宜的能力评估方法。不易量化的溢油应急组织指挥能力、应急监视能力和综合保障能力可看作地区溢油应急能力的“软实力”指标，将采用定性或半定量的评估方法；部分易量化的应急处置能力可看作地区溢油应急能力的“硬实力”指标，采用定量分析的评估方法。

6.2 “软实力”评估方法

6.2.1 组织指挥能力

6.2.1.1 应急预案和规划

应急预案和规划的完备程度可作为评估指标进行评估。完备程度指标，是指码头和城市是否均针对各类风险源（船舶、管线、石油开采平台、陆上储罐等）编制溢油应急预案和溢油应急能力建设规划。同一港口内相同业主码头可编制统一预案。该项总分为表 6-2 中 3 个分项得分之和。

表 6-2 应急预案和规划指标评估准则

内容	满分	准 则
地区（市）级溢油应急预案	15	若区域已编制地区（市）级溢油应急预案，得 15 分
码头级溢油应急预案	35	若评估范围内编制溢油应急预案的码头比例为 N，得 $N\times35$ 分
溢油应急能力建设规划	50	若区域已编制溢油应急能力建设规划，得 50 分
总分	100	—

6.2.1.2 应急通信

应急通信是指挥部和事故现场有关事故与安全内容的信息交换，应具备双向通信功能。陆上应急指挥部和水上事故现场通信畅通是应急处置的重要保障。在内河水域可通过手机实现应急通信，因此内河水域组织指挥能力评估不包括应急通信水平。

该指标以海事通信方式完备性作为评估内容。海事通信方式，是指评估区域内船舶间、船岸间可利用的通信方式，包括卫星通信系统和地面通信系统。卫星通信系统主要依托海事卫星系统和 VSAT 卫星系统，还可依托北斗卫星系统。地面通信系统主要由中高频（MF/HF）通信系统和甚高频（VHF）通信系统构成。评估准则如表 6-3 所示。

表 6-3 应急通信指标评估准则

内容	满分	准则
船载甚高频（VHF）电话	30	安装该设备的船舶比例为 a，得 $30 \times a$ 分
船载海岸电台	30	安装该设备的船舶比例为 b，得 $30 \times b$ 分
船载海事卫星电话	30	安装该设备的船舶比例为 c，得 $30 \times c$ 分
陆域海事卫星	10	若安装有海事卫星，得 10 分；否则得 0 分
总分	100	—

6.2.1.3 应急指挥人员

该指标将高级指挥人员和现场指挥人员数量作为评估内容。高级指挥人员应当具备对船舶污染事故应急反应的宏观掌控能力，能够根据事故情形综合评估风险，及时做出应急反应决策，有效组织实施应急反应。现场指挥人员应能够根据指挥机构的决策，结合现场情况，制定具体的清污方案并能组织应急操作人员实施。内河区域评估方法如表 6-4 所示，沿海区域评估方法如表 6-5 所示。

表 6-4 内河区域应急指挥人员指标评估准则

内容	满分	准则
应急指挥人员	100	若海事部门、港航企业及清污单位均有 1 名经过培训的高级指挥人员（共 3 名），得 60 分
		每增加 1 名高级指挥人员，加 10 分
		若海事部门无高级指挥人员，减 20 分
		若港航企业无高级指挥人员，减 20 分
		若评估区域内无清污单位，减 20 分

表 6-5 沿海区域应急指挥人员指标评估准则

内容		满分	准则
高级指挥人员	海事部门	20	人数为 a，得 $10\times a$ 分
	港航企业	20	人数为 b，得 $10\times b$ 分
	清污单位	20	人数为 c，得 $10\times c$ 分
现场指挥人员	海事部门	5	人数为 d，得 $5\times d$ 分
	港航企业	15	人数为 e，得 $5\times e$ 分
	清污单位	20	人数为 f，得 $5\times f$ 分
总分		100	—

6.2.1.4 信息共享和决策支持系统

设定信息共享和决策支持系统指标，对溢油应急信息共享和决策支持进行评估。该指标是指评估区域内是否通过自建或购买服务等方式，具备溢油应急信息共享和决策支持能力。

溢油应急信息共享和决策支持系统是溢油应急指挥的辅助决策支持系统，通常具有模拟预测、应急物资管理、信息共享、辅助决策等功能。该指标重点针对评估区域内溢油应急信息共享和决策支持能力的评估，从而在一定程度上反映应急决策的科学性。其中，模拟预测、应急物资管理属溢油应急决策支持的基本功能，能够为应急指挥直接提供油膜漂移情况和溢油应急物资调配情况等信息。此外，评估区域内海事部门或地方人民政府既可以投资建设溢油应急信息共享和决策支持系统，也可考虑向相关单位购买服务。该指标评估准则如表 6-6 所示。

表 6-6 信息共享和决策支持系统指标评估准则

内容	满分	准则	备注
信息共享和决策支持系统	100	具备溢油漂移模拟预测功能，得 30 分	可能通过自建或购买服务具备该方面能力
		具备应急物资管理功能，得 20 分	
		具备方案自动生成功能，得 20 分	
		具备多部门数据互换功能，得 10 分	
		每增加 1 项其他功能，得 5 分	

6.2.2　应急监视能力

溢油应急监视的主要目的是发现和跟踪油膜轨迹，确定溢油及油膜区域位置，为制定应急处置对策、清除作业方案等提供依据。对沿海区域重点评估各类监视手段有效性，对内河区域则从码头监视设备覆盖率和 VTS 覆盖率等两个方面进行评估。

6.2.2.1　沿海溢油应急监视能力

沿海溢油应急监视的主要手段包括航空航天监视、水上监视及岸上监视。航空航天监视手段主要为卫星监视和航空监视。卫星监视能够提供大范围的溢油污染图像，实现对大规模溢油的主动监视、自动分析和自动报警。但卫星重访周期较长，有时难以在短时间内获取溢油动态监视结果。航空监视主要为固定翼无人机和有人机监视，具有机动灵活的特点，通过安装便携式溢油应急监视设备便可实现溢油监视。通常而言，大型固定翼无人机的监视范围可达到 1 000 km，小型无人机的监视范围为 100 km。

水上监视手段主要指船舶溢油雷达和浮标。船舶溢油雷达的监视范围在 8 km 以内，船舶溢油雷达能够自动确定溢油方位和面积，显示油膜厚度变化。浮标是一种相对价廉、实时、全天候的跟踪监视手段。溢油跟踪浮标可跟踪溢油油膜的漂移运动，溢油跟踪浮标所在位置即溢油油膜漂移的位置，溢油跟踪浮标内定位系统将位置信息传送到监控中心，监控中心即可实时了解溢油油膜所处位置。通常而言，溢油浮标的监控半径为 10 n mile，可连续使用 7 d。目前，国内部分设备库配置有该项设备。

岸上监视手段主要指溢油岸基雷达。溢油岸基雷达的监控半径在 6 km 以内，溢油岸基雷达监视范围较小，且受到天气等各种因素影响。目前，烟台、董家口、秦皇岛等地区均已建设溢油岸基雷达，但实际监视效果尚需时间检验。

沿海溢油应急监视能力评估准则如表 6-7 所示。

表 6-7　沿海溢油应急监视能力评估准则

内容	满分评分	准则
卫星监视	30	具备卫星监视能力，得 30 分
航空监视	20	具备航空监视能力，得 20 分
船舶溢油雷达	20	每配备 1 艘安装溢油雷达的应急船舶，得 10 分

续表

内容	满分评分	准则
溢油岸基雷达	10	安装有溢油岸基雷达，得 10 分
浮标	20	每配备 1 套溢油浮标（含 2 个浮子），得 5 分
总分	100	—

6.2.2.2 内河溢油应急监视能力

1）码头监视设备覆盖率

发生内河溢油事故时，人工监视手段过于落后，可能延误应急处置时机。部分码头利用岸基溢油监视报警设备对溢油进行实时监视，一旦发生溢油事故，应急人员在第一时间得到自动报警信息，应急时效高。因此，将岸基溢油监视报警系统纳入评估体系。

由于夜晚光线较暗，大部分监视手段无法开展，则需要通过码头前沿的红外监视探头进行应急监视工作。因此，将红外 CCTV 设备的配置情况也纳入评估体系。

码头监视设备覆盖率指标采用红外 CCTV 和岸基溢油监视报警设备的覆盖率进行评估。该指标的评估方法如下：

码头监视设备覆盖率 =（具备红外 CCTV 码头数量 + 仅具备岸基溢油监视报警系统码头数量）× 50/ 评估区域码头总数量　　（6-1）

2）VTS 覆盖率

溢油事故发生时，需要对事故船舶、应急船舶以及其他通航船舶进行监控，VTS 系统可以有效对覆盖范围内的船舶进行统筹监视和监管。因此，采用 VTS 覆盖率指标表征应急监视能力。

该指标的评估方法如下：

VTS 覆盖率 = 覆盖有 VTS 的通航里程 × 50/ 评估区域通航里程　　（6-2）

内河溢油应急监视能力评估准则如表 6-8 所示。

表 6-8　内河溢油应急监视能力评估准则

内容	满分评分	准则
码头监视设备覆盖率	50	（具备红外 CCTV 码头数量 + 仅具备岸基溢油监视报警系统码头数量）× 50/ 评估区域码头总数量
VTS 覆盖率	50	覆盖有 VTS 的通航里程 × 50/ 评估区域通航里程
总分	100	—

6.2.3　应急处置能力

应急处置能力中共有 4 个“软实力”评价指标，包括应急辅助船舶、浮式设备库、应急清污人员、回收物陆上接收处理能力等。其中，浮式设备库指标仅用于内河区域溢油应急处置能力评估。

6.2.3.1　应急辅助船舶

应急辅助船舶是指辅助应急处置船舶或开展其他应急工作的船舶，应急辅助船舶主要用于围油栏布放、现场维护及协助收油系统作业等，包括拖轮、快艇等。根据围控、回收、储存、清除等能力要求，从布放围油栏、施放收油机、投放和回收吸油材料、临时储存和运输围油栏、辅助溢油监视等方面，评估应急辅助船舶能否满足某一地区溢油应急处置能力需求。若无法满足需求，对该地区的溢油应急处置能力进行折算。

应急辅助船舶作为应急设备的搭载平台，其配置数量和功能应与应急设备相协调。在众多溢油应急设备中，收油机借助船舶开展应急作业的时间最长、使用频率最高。因此，将收油机作为应急辅助船舶的主要搭载设备。一般施放 1 台收油机需要 1～2 艘应急辅助船舶配合完成。其中 1 艘辅助船舶用于搭载收油机，另外 1 艘船舶用于布放围油栏对溢油进行围控，在水面形成较厚的油层，便于收油机回收。对某个区域而言，发生溢油事故后，以设备完备率 50% 计算，一半数量的收油机将投入使用。计算该种情况需要的应急辅助船舶数量，便是该区域应配置的应急辅助船舶的最少数量。因此，收油机数量和应急辅助船舶数量最低比例为 1∶1。若该区域的应急辅助船舶数量达到收油机数量的 1 倍，说明该地区的应急辅助船舶可基本满足收油机的使用需求，可得 60 分。

据此建立评分函数，$f(x)=\dfrac{b_1}{a_1}x$，$0\leqslant f(x)\leqslant 100$。式中，$x$ 为应急辅助船舶数量；若 C 为某区域收油机数量，则 $a_1=C$，$b_1=60$。

6.2.3.2　浮式设备库

浮式设备库是具有内河水域特点的溢油应急辅助船舶并配有装备。浮式设备库通常包括平台承载功能、污染应急处置功能和决策辅助功能等三大功能。浮式设备库上配备有围油栏、收油机、吸油毡等溢油应急设备，可看作一个溢油应急设备配置点。参照溢油应急设备配置点的 100 km 服务半径，浮式设备库的服务半径为

100 km。该指标评估准则如表 6-9 所示。

表 6-9　浮式设备库指标评估准则

准则	评分
每 100 km 内均配置 1 个浮式设备库	100 分
每 100（不含）～150 km 内均配置 1 个浮式设备库	80 分
每 150（不含）～200 km 内均配置 1 个浮式设备库	60 分
每 200（不含）～250 km 内均配置 1 个浮式设备库	40 分
每 250（不含）km 以上距离均配置 1 个浮式设备库	20 分
无浮式设备库	0 分

6.2.3.3　应急清污人员

应急清污人员包括专业人员和非专业人员两类。考虑可以在发生溢油事故时临时招募志愿者，因此该指标重点对专业人员进行评估。专业人员是指经过专业培训的应急设备或应急船舶的实际操作人员，应具备现场操作人员资质证书。

专业应急清污人员主要从事围油栏布放、收油机操作、溢油分散剂喷洒、储运、回收物接收转移等工作。其中，收油机操作在各项工作中专业性最强，因此应急操作人员需经过专业培训并具有专业资质证书。根据《船舶污染海洋环境风险评价技术规范（试行）》，每艘回收与清除作业船配备 5 名应急操作人员。根据实践经验，每艘回收与清除作业船舶通常施放 1 台收油机。因此，每台收油机应配备 3～5 名应急操作人员。应急操作人员应为具有专业资质证书的专职操作人员。若应急操作人员数达到现场使用的收油机数量的 5 倍，则说明满足收油机布放的基本要求，可得 60 分。考虑收油机的完备率，现场使用的收油机数量应为库存数量的 50%。

据此建立评分函数，$f(x)=\frac{b_1}{a_1}x$，$0\leqslant f(x)\leqslant 100$。式中，$x$ 为区域应急操作人员数量；若 C 为收油机数量，则 $a_1=2.5C$，$b_1=60$。

6.2.3.4　回收物陆上接收处理能力

溢油应急回收物的陆上接收处理能力主要包括清污产生的油水混合物的接收处理能力和危险废物（沾染废油的砂石和废弃吸油材料）的接收处理能力两部分。内河水域溢油应急回收的各类废弃物产生之后，一般经历接收、贮存和处理三个过程。

在接收方面，主要由从事残油、含油污水、船舶垃圾、含有毒有害物质污水接收和清舱作业的船舶污染物接收单位接收。船舶污染物接收单位的油污水接收能力以接收船舶可接收的污油水重量为指标，单位为 t。船舶污染物接收单位的危险废物接收能力以可接收的危险废物的重量为指标，单位为 t。

在贮存方面，根据历史事故和演习演练经验，溢油应急回收物接收之后，通常采用先贮存再处理的方式。通常贮存的做法是就近寻找储罐或者场地，对储罐或场地做完基本防护之后，就地贮存。因此，贮存能力并不是制约应急回收物处理工作的要素，在评估指标体系中暂未考虑。

在处理方面，对油污水主要采用回收利用和废水处理两种方式，对危险废物主要采用填埋和焚烧两种方式。回收物处理单位主要有废矿物油利用持证单位和危险废物焚烧持证单位两种。废矿物油利用持证单位是油水混合物处理的专业化单位，危险废物焚烧持证单位是进行危险固体废物焚烧处理的专业化单位。应急回收物一旦被妥善地贮存起来，其处理时间较长。

因此，将溢油应急回收物陆上接收处理过程中涉及的三类具备专业资质的单位的相应能力作为评价指标，即船舶油污水接收能力、油污水处理能力和危险废物焚烧能力，分别进行评分。将三项得分求平均值，得到该项指标总得分。

1）船舶油污水接收能力

某区域的油污水接收能力和油污水储运能力应相匹配。某区域的所有船舶污染物接收单位的接收能力之和即为该区域的船舶油污水接收能力，单位为 t。若该区域的油污水接收能力大于油污水储运能力，可得 60 分。据此建立评分函数，$f(x)=\dfrac{b_1}{a_1}x$，$0 \leqslant f(x) \leqslant 100$。式中，$x$ 为某区域船舶油污水接收能力；若 C 为油污水储运能力，则 $a_1=C$，$b_1=60$。

2）油污水处理能力

按照处理时间 60 d 计算，根据废矿物油利用持证单位年处理能力（单位为 t），可计算出某区域油污水处理能力（单位为 t）。若该区域油污水处理能力大于接收能力，可得 60 分。据此建立评分函数，$f(x)=\dfrac{b_1}{6a_1}x$，$0 \leqslant f(x) \leqslant 60$。式中，$x$ 为某区域废矿物油利用持证单位年处理能力；若 C 为油污水接收能力，则 $a_1=C$，$b_1=60$。

3）危险废物焚烧能力

按照处理时间 60 d 计算，根据危险废物焚烧持证单位年处理能力（单位为 t），可计算出某区域危险废物的处置能力（单位为 t）。某区域危险废物主要为吸收油污水后的吸附物资，因此，若该区域危险废物回收物的处置能力大于使用后吸附物资的重量（即吸附能力），可得 60 分。据此建立评分函数，$f(x)=\frac{b_1}{6a_1}x$，$0\leqslant f(x)\leqslant 60$。式中，$x$ 为某区域危险废物回收物的处置能力；若 C 为吸附能力，则 $a_1=C$，$b_1=60$。

6.2.4 综合保障

6.2.4.1 资金保障

资金保障指标主要考虑各区域能否提供足够的资金支持以确保应急费用的支出。以应急基金的金额（单位为万元）作为指标，对某一区域的资金保障能力进行评估。

若该区域已设置应急基金，且基金金额超过 100 万元，则得到 60 分。据此建立评分函数，$f(x)=\frac{b_1}{a_1}x$，$0\leqslant f(x)\leqslant 100$。式中，$x$ 为基金金额，$a_1=100$，$b_1=60$。

6.2.4.2 应急演习

将应急演习次数作为应急演习指标的内容，按照近 5 年来平均每年开展的各级应急演习的数量统计。该指标通过应急演练或应急行动的次数来反映评估区域内应急指挥能力及相关部门的配合默契程度。演习可进一步细分为实战演习、桌面演习等。实战演习可以有效促进各部门之间的配合，提高溢油应急效率。根据调研，各级单位每 2 年开展 1 次演习或应急行动，可起到锻炼队伍、促进合作的作用。该指标评估准则如表 6-10 所示。

表 6-10 应急演习指标评估准则

准则	评分
每年开展 2 次实战演习或应急行动	100 分
每年开展 1 次实战演习或应急行动	80 分
每 2 年开展 1 次实战演习或应急行动	60 分
每 3 年开展 1 次实战演习或应急行动	40 分
每 4 年开展 1 次实战演习或应急行动	20 分
每 5 年及以上开展 1 次实战演习或应急行动	0 分

6.2.5　指标权重研究

通过层次分析法对“软实力”指标的权重进行研究计算，得到内河和沿海“软实力”指标权重（如表 6-11 和表 6-12 所示）。可根据评价区域情况适当调整权重设置，本小节给出的权重仅供读者参考。

表 6-11　内河溢油应急能力评估“软实力”指标权重

目标层	准则层	权重	指标层	权重
内河溢油应急能力 A	组织指挥能力 B_1	0.269 5	应急预案和规划 C_1	0.073 0
			应急指挥人员 C_2	0.102 3
			信息共享和决策支持系统 C_3	0.094 2
	应急监视能力 B_2	0.194 1	码头监视设备覆盖率 C_4	0.097 1
			VTS 覆盖率 C_5	0.097 0
	应急处置能力 B_3	0.368 6	应急辅助船舶 C_6	0.126 0
			浮式设备库 C_7	0.090 2
			应急清污人员 C_8	0.111 0
			回收物陆上接收处理能力 C_9	0.041 4
	综合保障能力 B_4	0.167 8	资金保障 C_{10}	0.081 4
			应急演习 C_{11}	0.086 4

表 6-12　沿海溢油应急能力评估“软实力”指标权重

目标层	准则层	权重	指标层	权重
海上溢油应急能力 A	组织指挥能力 B_1	0.300 4	应急预案和规划 C_1	0.121 7
			应急通信 C_2	0.070 9
			应急指挥人员 C_3	0.038 7
			信息共享和决策支持系统 C_4	0.069 1
	应急监视能力 B_2	0.115 2	应急监视 C_5	0.115 2
	应急处置能力 B_3	0.490 2	应急辅助船舶 C_6	0.302 0
			应急清污人员 C_7	0.106 9
			回收物陆上接收处理能力 C_8	0.081 3
	综合保障能力 B_4	0.094 2	资金保障 C_9	0.018 8
			应急演习 C_{10}	0.075 4

6.3 “硬实力”评估方法

6.3.1 溢油围控能力

该指标以围油栏可围控的溢油量为内容，单位为 t。根据《国家船舶溢油应急设备库设备配置管理规定（试行）》，内河水域围油栏分为导流截污型围油栏和防护用围油栏两种。根据《国家船舶溢油应急设备库设备配置管理规定（试行）》，内河水域溢油清污作业时，所需导流截污型围油栏长度可按溢油量的 2.5 倍估算。防护型围油栏长度一般可按难船长度的 3 倍测算，考虑能围控万吨级油船和货轮，船长为 150～200 m，一般布设 3 道围油栏，因此防护型围油栏长度可定为 600 m。各种围油栏长度相加得出所需的总围油栏长度。因此，内河区域性溢油事故围油栏所需总长度（B）的计算公式为

$$B=2.5\times \text{溢油量}+600 \tag{6-3}$$

因此，内河水域溢油围控能力 W 的计算公式为

$$W=(B-600)/2.5 \tag{6-4}$$

根据《国家船舶溢油应急设备库设备配置管理规定（试行）》，沿海水域围油栏分为围堵型围油栏和防护型围油栏两种。其中，围堵型围油栏适用于开阔海域清污作业，防护型围油栏主要用于围控大型集装箱船或油轮。根据《国家船舶溢油应急设备库设备配置管理规定（试行）》，开阔海域清污作业时，所需围堵型围油栏长度可按溢油量的 1.25 倍估算。防护型围油栏长度一般可按难船长度的 3 倍测算，考虑能围控大型集装箱船或油轮，船长 300～350 m，一般布设 3 道围油栏，因此防护型围油栏可定为 1 000 m。因此，沿海水域溢油围控能力估算公式为

$$\text{沿海水域溢油围控能力}=(\text{围油栏总长度}-1\,000)/1.25 \tag{6-5}$$

此外，吸油拖栏作为一种兼具围控和吸附双重功能的物资，已经在各地设备库中广泛配置，应将其作为围油栏和吸附物资分别计入相应能力计算。

6.3.2 溢油回收能力

机械回收能力是收油机等机械收油设备能回收的污油重量的总和，单位为 t。回收能力估算方法主要参照《国家船舶溢油应急设备库设备配置管理规定（试行）》和《船舶污染海洋环境风险评价技术规范（试行）》的溢油应急能力估算方法。估

算公式如下：

$$机械回收能力 = 收油机回收效率 \times 油污水含油率 \times 设备完备率 \times 每天收油时间 \times 清污作业天数 \times 油品密度 \quad (6\text{-}6)$$

式中：收油机回收效率是指每小时收油机回收油污水的体积，m^3/h；油污水含油率可取经验值 5%；油品密度为 1 t/m^3；沿海每天收油时间可选 6 h，内河可选 8 h；沿海清污作业天数可选 3 d，内河可选 2 d。

设备完备率是指正常运转的应急设备的比例。我国溢油应急设备主要配置在国家溢油应急设备库、石油企业溢油应急设备库、清污公司和港口码头溢油应急设备库中。国家和石油企业由于经费较为充足，配备的应急设备性能和质量较高，可适用于水文条件较为复杂的水域。为抢占市场，清污公司配备的溢油应急设备大部分为中小型设备，技术性能不高，溢油处置效率较低。港口码头公司配备的溢油应急设备主要适用于码头前沿。因此，考虑到设备性能和质量不同，在设备完备率上应采用不同的参数，对收油机回收效率的计算公式进行细化。如清污公司和港口码头企业的设备完备率可取 60%，其他单位的设备完备率取 80%。

此外，专业溢油应急船舶是溢油清除的重要装备，其船体集成了溢油回收装置、回收储存舱、喷洒装置、围控设备等多种设备，可同时具备围控、清除和储运等能力。溢油分散剂喷洒和油污水储运均可在分散和储运能力中进行计算，在此仅对专业溢油应急船舶配备的回收能力进行计算。专业溢油应急船舶收油设备的完备率可参照其他设备库取 80%。因此，最终回收能力的计算公式为

$$\begin{aligned}机械回收能力 = (&清污公司和港口码头企业的收油机回收效率 \times 60\% \\ &+ 其他设备库的收油机回收效率 \times 80\% \\ &+ 专业溢油应急船舶回收效率 \times 80\%) \times 油污水含油率 \\ &\times 每天收油时间 \times 清污作业天数 \times 油品密度 \quad (6\text{-}7)\end{aligned}$$

此外，回收到的污油需要由储运设施运送至岸上进行临时储存并及时处理，因此机械回收能力与储运能力具有较强的相关性，两者存在一定的制约关系。储运能力主要指储油囊（罐）、污油舱等储运装备对机械回收的油污水进行临时储存和运输的能力，以可储运的溢油量为指标，单位为 t。

按照使用次数，储运装备可分为一次性和可重复使用两种。一次性储运装备主要有储油囊。可重复使用的储运装备主要指应急辅助船的油污水舱。对于可重复使用的储运装备，在应急过程中，其储运能力随着转运次数成倍扩大。即转运次数越多，重复使用次数越多，该装备的储运能力也越大。因此，储运能力可通过以下方法进行计算：

储运能力 =［一次性储运装备容积 + 可重复使用的储运装备容积 ×（转运次数 +1）］× 油污水含油率 × 油品密度　（6-8）

根据《船舶污染海洋环境风险评价技术规范（试行）》，储运能力应满足收油机 2 天回收的油水混合物的容积。在应急工作总天数为 2 d 的前提下，储运装备至少应转运 3 次。转运次数取值可根据各省（自治区、直辖市）的转运船舶配备情况进行调整。

为体现机械回收能力与储运能力的制约关系，溢油回收能力应为该区域机械回收能力与储运能力中的较小值。

6.3.3 溢油吸附能力

溢油吸附能力指溢油吸附物资可吸附的溢油量，单位为 t。吸附物资主要为吸油毡、吸油棉、吸油拖栏等吸油材料。

通过计算吸附物资的重量和实际吸附倍数得到溢油吸附能力。计算公式如下：

溢油吸附能力 = 吸附物资重量 × 实际吸附倍数　（6-9）

参考《国家船舶溢油应急设备库设备配置管理规定（试行）》的参数取值，实际吸附倍数可取 5 倍。

吸附材料对厚油膜的吸附效果较差，单独配备大量的吸附材料并不能形成理论公式计算出的应急能力。因此，也应对吸附能力进行适当限制。根据《国家船舶溢油应急设备库设备配置管理规定（试行）》，内河水域最可能发生的溢油事故规模为 500 t，按照吸附能力设定为综合应急能力的 40% 计算，则设定内河水域每个清污单位吸附能力最大值为 200 t，即清污单位核算出的吸附能力超过 200 t 时，其吸附能力按照 200 t 计算。

6.3.4 溢油分散能力

根据 2015 年 12 月 31 日新修订的《中华人民共和国防治船舶污染内河水域环境管理规定》，禁止在内河水域使用溢油分散剂。因此，溢油分散能力仅纳入沿海溢油应急能力中。

评估溢油分散能力主要是评估喷洒溢油分散剂的能力，即溢油分散剂和喷洒装置的数量及功能是否与作业区域、面积、溢油量等相适应。溢油分散剂需要使用喷洒装置进行喷洒才能实现较好的分散效果，因此应将喷洒装置喷洒能力与评估区域实际储存的分散剂的分散能力进行比较，取较小值即为该地区的溢油分散能力。根据喷洒装置的数量和喷洒速率，结合溢油分散剂密度、工作时间和分散剂与油的比率，可得到分散能力的估算公式如下：

溢油分散能力 =min（评估区域实际储存的分散剂的分散能力，
喷洒装置喷洒能力）　（6-10）

式中：评估区域实际储存的分散剂的分散能力 = 分散剂重量 × 分散剂与油的比率，喷洒装置喷洒能力 = 喷洒装置数量 × 工作时间 × 喷洒速率 × 分散剂密度 × 分散剂与油的比率。

根据《船舶污染海洋环境风险评价技术规范（试行）》，常规型溢油分散剂与油的比率为 1∶3。

6.3.5 “硬实力”指标评估方法

“硬实力”指标是指溢油应急设备可清除控制的溢油量，应为溢油围控能力与溢油清除能力中的较小值，而溢油清除能力为溢油回收能力、溢油吸附能力和溢油分散能力的总和。内河和沿海区域溢油应急处置能力计算方法分别如表 6-13 和表 6-14 所示。

表 6-13　内河“硬实力”指标计算方法

目标层	准则层一级	准则层二级	内容	计算方法	备注
应急处置能力	溢油围控能力	—	可围控的溢油量（t）	溢油围控能力 =（围油栏的长度 -600）/2.5	溢油应急处置能力为溢油围控能力和溢油清除能力中的较小值。 溢油清除能力 =（溢油回收能力 + 溢油吸附能力）× $\frac{2}{3}$
	溢油清除能力	溢油回收能力	机械回收能力与储运能力中的较小值（t）	机械回收能力 =（清污公司和港口码头企业的收油机回收效率 ×60%+ 其他设备库的收油机回收效率 ×80%+ 专业溢油应急船舶回收效率 ×80%）×5%×8×2×1 储运能力 =［一次性储运装备容积 + 可重复使用的储运装备容积 ×（转运次数 +1）］× 油污水含油率 × 油品密度	
		溢油吸附能力	吸附物资可吸附的溢油量（t）	溢油吸附能力 = 吸附物资重量 × 实际吸附倍数 每个清污单位吸附能力最大值为 200 t	

表 6-14 沿海“硬实力”指标计算方法

目标层	准则层一级	准则层二级	内容	计算方法	备注
应急处置能力	溢油围控能力	—	可围控的溢油量（t）	溢油围控能力=（围油栏的长度 -1 000）/1.25	溢油应急处置能力为溢油围控能力和溢油清除能力中的较小值。 溢油清除能力=（溢油回收能力+溢油吸附能力+溢油分散能力）/1.4
	溢油清除能力	溢油回收能力	机械回收能力与储运能力中的较小值（t）	回收能力=（清污公司和港口码头企业的收油机回收效率 ×60%+ 其他设备库的收油机回收效率 ×80%+ 专业溢油应急船舶回收效率 ×80%）×5%×6×3×1 储运能力=［一次性储运装备容积+可重复使用的储运装备容积 ×（转运次数+1）］× 油污水含油率 × 油品密度	
		溢油分散能力	溢油分散剂可清除的溢油量（t）	溢油分散能力=有效喷洒的溢油分散剂重量 × 溢油分散剂与油的比率=喷洒装置数量 × 工作时间 × 喷洒速率 × 溢油分散剂密度 × 溢油分散剂与油的比率	
		溢油吸附能力	吸附物资可吸附的溢油量（t）	溢油吸附能力=吸附物资重量 × 实际吸附倍数	

6.4 本地综合溢油应急能力评估方法

本地溢油应急能力是指不考虑周边地区（市）的调用情况，拥有的所有溢油应急能力的总和。为了体现溢油应急“软实力”对应急处置能力的制约作用，本评估方法将“软实力”指标评估得分与“硬实力”指标计算出的应急处置能力相乘得到本地溢油应急能力。假设组织指挥能力、应急监视能力和综合保障能力等“软实力”的得分为 C_i（$0<C_i\leqslant 100$），权重为 K_i（$0<K_i\leqslant 1$），应急处置能力为 $C_{处置}$（单位为 t），则本地溢油应急能力 C 的计算公式为

$$C=\frac{1}{100}\times\sum_{i=1}^{n}K_i\times C_i\times C_{处置} \qquad (6\text{-}11)$$

6.5 区域综合溢油应急能力评估方法

将本地溢油应急能力与周边区域可协调的溢油应急能力综合考虑，即得到某一

区域综合溢油应急能力。周边可协调的溢油应急资源因与本地有一定空间距离，因此在计算周边可协调的溢油应急能力时，应对其进行一定的能力折减。区域溢油应急资源具有一定的服务半径，如长江中型国家级设备库的服务半径为 200 km，沿海大型国家级设备库的服务半径为 350 n mile。在服务半径内，可认为有效应急能力按照应急距离线性衰减。若超过应急服务半径，则可认为其可协调的应急能力为 0。据此，分别提出内河和沿海区域综合溢油应急能力评估方法。

6.5.1　内河区域综合溢油应急能力评估方法

参照《国家船舶溢油应急设备库设备配置管理规定（试行）》中内河中型国家级设备库服务半径为 200 km 的设定，确定内河区域溢油应急能力的应急服务半径为 200 km。对应急服务半径内的区域，按照 1 h 的应急设备装卸时间、船速 8 kn 计算，应急装备和物资所需运输最长时间为 15 h。在计算过程中，假设内河溢油应急处置时间为 2 d（即 48 h），剔除应急装备和物资运输时间（15 h）后，周边可协调的设备物资参与应急处置的时间约占总应急处置时间的 60%，因此该事故区域可调用的周边区域有效应急能力应为周边区域溢油应急能力的 60%。对距离事故区域 200 km 以外的周边区域（图 6-1 中 D 区域），其与事故区域的距离超出事故区域的应急服务半径，因此其能力不计入事故区域的综合溢油应急能力。

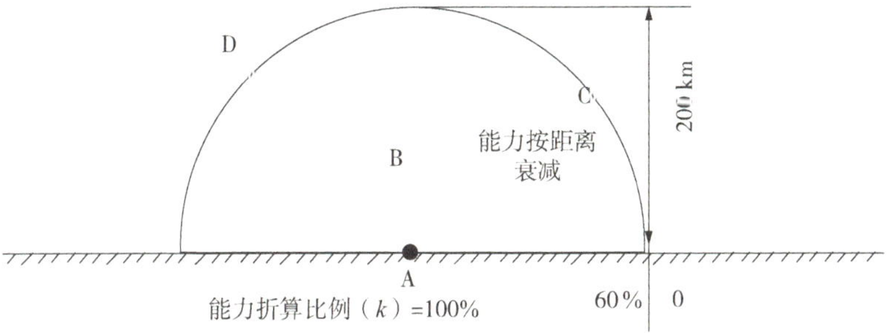

图 6-1　内河区域溢油应急能力的应急服务半径

根据上述原则，周边区域的有效应急能力占其本地溢油应急能力的比例（即能力折算比例，用 k 表示）应按其与事故区域的距离从 100% 线性衰减至 60%。周边区域与事故区域的距离超出 200 km 后，该比例为 0。因此，假设周边区域和事故区域的应急距离为 d，周边资源调用函数（k）如式（6-12）所示。

$$k=\begin{cases}\dfrac{200-\dfrac{2d}{5}}{200}, d\leqslant 200\text{ km}\\ 0, d>200\text{ km}\end{cases} \tag{6-12}$$

6.5.2 沿海区域综合溢油应急能力评估方法

参照沿海大型国家级设备库服务半径 350 n mile，界定沿海区域溢油应急能力的应急服务半径为 350 n mile。对应急服务半径内的区域，按照 1 h 的应急设备装卸时间、船速 12 kn 计算，则应急装备和物资所需运输最长时间为 30 h（含）。假设沿海溢油应急处置时间为 3 d（即 72 h），剔除应急装备和物资运输时间（30 h）后，周边可协调的设备物资参与应急处置的时间约占总应急处置时间的 50%，因此该事故区域可调用的周边区域有效应急能力应为周边区域溢油应急能力的 50%。对距离事故区域 350 n mile 以外的周边区域（图 6-2 中 D 区域），其与事故区域的距离超出事故区域的应急服务半径，因此其能力不计入事故区域的综合溢油应急能力。

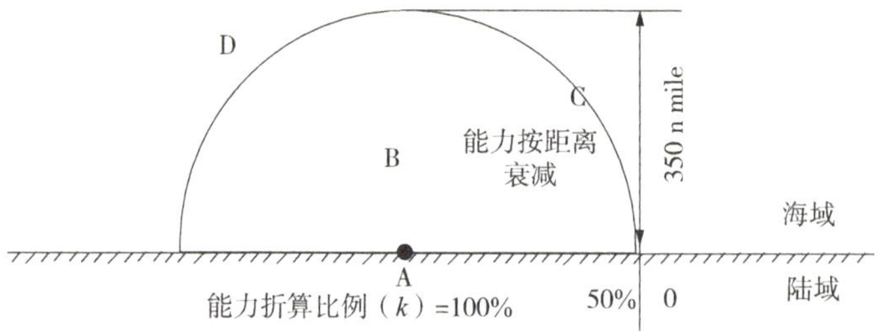

图 6-2 沿海区域溢油应急能力的应急服务半径

根据上述原则，周边区域的有效应急能力占其本地溢油应急能力的比例（即能力折算比例，用 k 表示）应按其与事故区域的距离从 100% 线性衰减至 50%。周边区域与事故区域的距离超出 350 n mile 后，该比例为 0。因此，假设周边区域和事故区域的应急距离为 d，得到周边资源调用函数（k）如式（6-13）所示。

$$k=\begin{cases}\dfrac{350-\dfrac{d}{2}}{350}, d\leqslant 350\text{ n mile}\\ 0, d>350\text{ n mile}\end{cases} \tag{6-13}$$

第7章 基于层次分析的溢油应急能力综合评估方法应用案例

本章选择我国沿海、内陆两个港口城市案例，介绍基于层次分析的溢油应急能力综合评估方法的计算过程和结果。

7.1 案例七：沿海某市溢油应急能力评估

7.1.1 案例城市概况

案例城市为全国沿海主要港口，港口吞吐量超过亿吨，码头泊位数量超过 600 个，年船舶进出港流量超过 100 万艘次，港口锚地约 30 余处。

7.1.2 溢油应急“硬实力”评估

7.1.2.1 溢油围控能力评估

利用溢油围控能力计算公式，通过统计案例城市内码头企业和清污单位现有围油栏的长度，计算出各辖区的围控能力规模。经统计，案例城市现有围油栏近 27 万 m，溢油围控能力为 20.5 万 t。

7.1.2.2 溢油回收能力评估

对评估区域内机械回收能力和储运能力相比后取较小值，得到该区域的溢油回收能力。

根据机械回收能力计算公式，通过统计案例城市内码头企业和清污单位现有收油机的配置数量及收油速率，可计算出评估区域内的机械回收能力；根据储运能力计算公式，通过统计案例城市内现有专业应急船舶的油污水储存能力，可计算出评估区域内的溢油储运能力。由于案例城市可调用到较多数量的油驳船，利用油驳船的油污水舱储存回收油，因此储运能力不会对回收能力形成制约。经统计分析，案例城市机械回收能力为 2 438.6 t，储运能力为 4 385.85 t。

7.1.2.3 溢油分散能力评估

根据溢油分散装置计算，案例城市的分散能力为 52 556 t，而根据溢油分散剂储备数量计算的分散能力为 7 923 t，则案例城市溢油分散能力为 7 923 t。

7.1.2.4 溢油吸附能力评估

溢油吸附能力的大小主要取决于吸附物资（主要为吸油毡、吸油棉、吸油拖栏等吸油材料）的重量和实际吸收倍数。经统计计算，案例城市溢油吸附物资的吸附能力为 540 t。

7.1.2.5 “硬实力”评估结果

除上述统计计算的应急能力外，案例城市已有 1 座 1 000 t 级大型船舶溢油应急设备库和 1 座 500 t 级中型船舶溢油应急设备库，因此在计算案例城市整体溢油应急能力时，也应将其计算在内。

根据“硬实力”评估方法，可计算出案例城市的溢油应急“硬实力”为 8 962 t。

7.1.3 溢油应急“软实力”评估

7.1.3.1 应急预案和规划指标评估

案例城市印发了海上搜救和船舶污染事故专项应急预案。近年来，案例城市内码头相继编制了溢油应急专项或综合预案，预案内容完全符合相关要求，编制质量较好。但根据实地调研，还有个别码头的应急预案未能及时更新或者针对性较差，因此扣除 20 分。经调研，案例城市已编制防治船舶及其有关作业活动污染海洋环境应急能力建设规划。根据指标评估标准，案例城市应急预案和规划指标评估得分为 80 分。

7.1.3.2 应急通信指标评估

案例城市应急通信方式较为完善，船舶之间以及船岸之间也可通过甚高频和海岸电台进行实时通信。目前已有两条专业应急船舶安装海事卫星。因此，根据评分标准，应急通信方式指标得分为 80 分。

7.1.3.3 应急指挥人员指标评估

案例城市各辖区相继建立了海上搜救抢险、污染处置、危险品事故险情处置等专业队伍，并配备了高级指挥人员。此外，案例城市内有十余家专业清污单位，共有高级指挥人员 53 人；案例城市港口企业高级指挥人员超过 30 人。根据评分标准，应急指挥人员指标得分为 90 分。

7.1.3.4 信息共享和决策支持系统指标评估

根据相关调查，案例城市已具备较好的溢油应急信息支持系统，该系统具备一定的溢油预测和应急设备物资综合管理功能，但尚不具备信息共享、辅助决策和桌面推演功能。因此，根据评分标准，扣除 60 分，即该项指标得分为 40 分。

7.1.3.5 应急监视能力评估

案例城市已建立重点高风险水域的卫星遥感监视系统，但其使用效果仍与理想状态存在一定差距，该项能力得分 20 分。案例城市具备一定的航天监视能力，该项能力得分 20 分。此外，在船舶监测设备的配置方面，案例城市应急船舶尚未安装船用溢油雷达，也未应用岸基雷达，因此这两项内容不得分。案例城市相关辖区无浮标，得 0 分。

根据评分标准，通过综合论证，案例城市应急监视能力得分为 40 分。

7.1.3.6 应急辅助船舶指标评估

对应急辅助船舶指标的评估，主要是评估其与收油机数量的匹配程度。根据初步统计数据，案例城市各辖区以及清污单位配置的收油机数量为113台，各清污单位配置有应急辅助船舶117条。按照案例城市辖区拥有的收油机数量进行评估，则应急辅助船舶指标得分为40分。

7.1.3.7 应急清污人员指标评估

案例城市现有应急清污人员由专业应急操作人员和志愿者两部分构成。案例城市现有收油机113台，根据专业应急操作人员评分函数建立规则，若专业应急人员数量是实际收油机数量的2.5倍，即283人，说明该应急队伍可以保证收油机的正常使用，可得60分。

案例城市各清污单位现有应急专业人员600人（含高级指挥人员53人）。各码头企业专业应急人员超过300人。尽管案例城市应急队伍建设已初具规模，但根据实地调研，发现部分应急人员素质和业务能力相对较低，因此通过与海事管理部门和相关专家的沟通，酌情予以扣除20分。

根据应急清污人员评分标准，该项指标得分80分。

7.1.3.8 回收物陆上接收处理能力指标评估

评估回收物陆上接收处理能力时，将船舶污染物接收单位、废矿物油利用持证单位和危险废物焚烧持证单位数量作为评估指标，分别进行评分。将三项得分求平均值，得到该项指标总得分。

船舶污染物接收单位：案例城市油污水（含油混合物）储运能力为90 880 t，船舶油污水基本可实现全部接收，因此得分90分。

危险废物经营持证单位：案例城市持有危险废物经营许可证的单位有30家，危险废物处理能力每年近15万t。因此，该项指标得分为90分。

因此，该项指标评估结果为90分。

7.1.3.9 资金保障指标和应急演习指标评估

据调查，案例城市已对建立溢油专项基金开展相关研究，但尚未建立应急基金，所以该项指标得分为0分。案例城市海事管理部门每年都在全市范围内组织多次大规模的海上溢油应急实战演习。因此，根据评分标准，应急演习指标得分为100分。

7.1.3.10 “软实力”评估结果

将案例城市各“软实力”评估指标乘以权重系数，即得“软实力”综合评估分数值。通过计算，案例城市溢油应急“软实力”评分为 59.28 分（如表 7-1 所示）。

表 7-1　案例城市溢油应急“软实力”评分

目标层	准则层	指标层	权重	基础评分	加权后评分
海上溢油应急能力	组织指挥能力	应急预案和规划	0.057 6	80	4.61
		应急通信	0.045 6	80	3.65
		应急指挥人员	0.083 8	90	7.54
		信息共享和决策支持系统	0.070 9	40	2.84
	应急监视能力	应急监视	0.165 0	40	6.60
	应急处置能力	应急辅助船舶	0.188 0	40	7.52
		应急清污人员	0.137 4	80	10.99
		回收物陆上接收处理能力	0.053 8	90	4.84
	综合保障能力	资金保障	0.091 0	0	0
		应急演习	0.106 9	100	10.69
“软实力”评分		59.28			

7.1.4　应急能力综合评估

依照评估方案，将评价区域“硬实力”指标（单位为 t）乘以“软实力”系数，即得到评估区域的综合溢油应急能力。案例城市溢油应急“硬实力”为 8 962 t，“软实力”评分为 59.28 分。将溢油应急“硬实力”8 962 t 乘以 59.28%，则案例城市综合溢油应急能力为 5 313 t。

7.2　案例八：内河某市溢油应急能力评估

7.2.1　案例城市概况

案例城市为长江干线港口，属全国内河主要港口，港口吞吐量超过 3 000 万 t，码头泊位数量近 80 个，港口已利用岸线约为 50 km，港口锚地约 8 处。

7.2.2 溢油应急“硬实力”评估

据调查，案例城市溢油污染防治设备较为缺乏。2012年，案例城市启动了船舶溢油应急设备库工程的前期工作，但尚未得到审批。以下分别对案例城市现有溢油应急清除能力和建设设备库后的应急处置能力进行评估。

7.2.2.1 溢油围控能力评估

案例城市共有围油栏1 260 m；根据溢油围控能力的计算公式，可计算出案例城市溢油围控能力是264 t。

建设溢油应急设备库后，案例城市配备的围油栏数量将达到2 460 m；根据溢油围控能力的计算公式，可计算出案例城市溢油围控能力是744 t。

7.2.2.2 溢油回收能力评估

（1）现有溢油回收能力评估

案例城市现共有收油机3台，回收效率共计50 m^3/h，均为相关石油化工码头公司所配置。案例城市辖区内没有专业社会力量承担清污工作。根据评估公式，其机械回收能力为32 t。案例城市已签订协议的应急船舶共6艘，均具备污油水储运舱；通过多次转运，可保证32 t油污水的运输。因此，案例城市现有溢油回收能力为32 t。

（2）设备库建设后溢油回收能力评估

建设设备库后，案例城市配置的收油机数量将达到7台，回收效率共计220 m^3/h。根据评估公式，其机械回收能力为141 t。现有应急船舶可保证141 t油污运输。因此，建设设备库后，案例城市溢油回收能力将达到141 t。

7.2.2.3 溢油吸附能力评估

案例城市现有吸油毡2 t、吸油拖栏200 m。按照吸油拖栏每米吸附20 kg油污进行计算，则案例城市溢油吸附能力为14 t。

设备库建设后，案例城市配置的吸油毡将达到12 t，吸油拖栏为600 m。按照吸油拖栏每米吸附20 kg油污进行计算，则案例城市的溢油吸附能力为72 t。

7.2.2.4 “硬实力”评估结果

根据上述分析，案例城市现有溢油回收能力和溢油吸附能力分别为32 t和14 t，则其溢油清除能力为46 t。按照溢油清除能力和溢油围控能力取较小值计算，则案例城市溢油应急“硬实力”为 46 t。

建设设备库后，案例城市溢油回收能力和溢油吸附能力将分别达到 141 t 和 72 t，则其溢油清除能力为 213 t。按照溢油清除能力和溢油围控能力取较小值计算，则案例城市溢油应急“硬实力”为 213 t。

7.2.3　溢油应急“软实力”评估

7.2.3.1　应急预案和规划指标评估

为积极应对重特大水上交通事故，建立重特大水上交通事故应急组织机构和应急指挥系统，案例城市组织编制了重特大水上交通事故应急预案。根据该预案，发生危险品运输船舶事故后，由案例城市海事管理部门应急指挥领导小组统一指挥，并联合消防、环保等力量，共同完成应急工作。

案例城市尚未编制针对溢油事故的应急预案和溢油应急能力建设规划。评估区域内，码头均按应急预案编制要求，编制码头级溢油应急相关预案。

根据指标评估标准，案例城市应急预案和规划指标评估得分为 35 分。

7.2.3.2　应急指挥人员指标评估

案例城市海事部门、港航企业尚无经培训的高级指挥人员。根据评分标准，案例城市应急指挥人员指标得分为 0 分。

7.2.3.3　信息共享和决策支持系统指标评估

案例城市尚未针对溢油应急工作建设信息共享和决策支持系统，也未通过购买服务方式与能够提供应急决策服务的单位签订协议。根据评分标准，案例城市信息共享和决策支持指标得分为 0 分。

7.2.3.4　码头监视设备覆盖率指标评估

案例城市各码头前沿均配置有 CCTV 摄像头，但没有红外摄像功能，无法保证夜间溢油应急监视工作。案例城市各码头前沿均未配备岸基溢油监视报警系统。

根据评分标准，案例城市码头监视设备覆盖率指标得分为 0 分。

7.2.3.5　VTS 覆盖率指标评估

案例城市尚未建设 VTS 系统，VTS 覆盖率为 0。根据评分标准，案例城市

VTS 覆盖率指标得分为 0 分。

7.2.3.6 应急辅助船舶指标评估

案例城市共有收油机 3 台。根据应急辅助船舶评分函数建立方法，当案例城市溢油应急辅助船舶数量达到收油机数量的 2 倍，即 6 艘，得 60 分。案例城市现有 6 艘应急辅助船舶，因此评分为 60 分。

建设设备库后，案例城市收油机数量将达到 7 台。根据应急辅助船舶评分函数建立方法，当案例城市溢油应急辅助船舶数量达到收油机数量的 2 倍，即 14 艘，得 60 分。案例城市现有 6 艘应急辅助船舶，未来短期内船舶无建设计划，则评分为 26 分。

7.2.3.7 浮式设备库指标评估

案例城市未配置浮式设备库，故该项指标得分为 0 分。

建设设备库后，将配置浮式设备库。案例城市通航里程共计 130 km，按照每 100～150 km 配置 1 艘浮式设备库的评估标准计算，该项指标得分为 80 分。

7.2.3.8 应急清污人员指标评估

案例城市现有收油机 3 台。根据应急操作人员评分函数建立规则，若应急清污人员数量是收油机数量的 5 倍，即 15 人，说明该应急队伍可以保证收油机的正常使用，可得 60 分。案例城市现有持证的应急操作人员 9 人。根据应急操作人员评分函数，案例城市应急操作人员指标得分 36 分。

设备库建成后，案例城市收油机将达到 7 台。根据应急操作人员评分函数建立规则，若应急人员数量是收油机数量的 5 倍，即 35 人，说明该应急队伍可以保证收油机的正常使用，可得 60 分。案例城市持证的应急操作人员为 9 人。假设未来持证的应急操作人员不会增加，根据应急操作人员评分函数，案例城市应急操作人员指标得分 15 分。

7.2.3.9 回收物陆上接收处理能力指标评估

评估回收物陆上接收处理能力时，将船舶污染物接收单位、废矿物油利用持证单位和危险废物焚烧持证单位数量作为评估指标，分别进行评分。将三项得分求平均值，得到该项指标总得分。评估结果为 100 分。

案例城市现有油污水回收能力为 32 t。船舶油污水接收能力为 20 t；假设应急清污过程中进行 4 次转运，则油污水接收能力可达到 80 t。因此，该指标得分 100 分。建设设备库后，案例城市油污水接收能力将达到 141 t，则该指标得分为 100 分。

根据危险废物经营许可证持证企业公告名单，案例城市无废矿物油利用持证单位，故该指标得分为 0 分。

根据危险废物经营许可证持证企业公告名单，案例城市无危险废物焚烧持证单位，故该指标得分为 0 分。

7.2.3.10　资金保障指标评估

案例城市尚未建立能够支撑溢油应急工作的应急基金，故得分为 0 分。

7.2.3.11　应急演习指标评估

根据统计，近 5 年中案例城市仅实施市级溢油应急演习 1 次。根据评价标准，应急演习指标评分为 0 分。

7.2.3.12　“软实力”评估结果

将案例城市各“软实力”评估指标乘以权重系数，即得“软实力”综合评估分数值。通过计算，案例城市现有溢油应急“软实力”评分为 15.49 分（如表 7-2 所示），建设设备库后溢油应急“软实力”评分为 24.89 分（如表 7-3 所示）。

表 7-2　案例城市现有溢油应急“软实力”评分

目标层	准则层	指标层	权重	基础评分	加权后评分
内河溢油应急能力	应急组织指挥能力	应急预案和规划	0.073 0	35	2.56
		应急指挥人员	0.102 3	0	0
		信息共享和决策支持系统	0.094 2	0	0
	应急监视能力	码头监视设备覆盖率	0.097 1	0	0
		VTS 覆盖率	0.097 0	0	0
	应急处置能力	应急辅助船舶	0.126 0	60	7.56
		浮式设备库	0.090 2	0	0
		应急清污人员	0.111 0	36	4.00
		回收物陆上接收处理能力	0.041 4	33	1.37
	综合保障能力	资金保障	0.081 4	0	0
		应急演习	0.086 4	0	0
“软实力”指标		15.49			

表 7-3 案例城市建设设备库后溢油应急“软实力”评分

目标层	准则层	指标层	权重	基础评分	加权后评分
内河溢油应急能力	组织指挥能力	应急预案和规划	0.073 0	35	2.56
		应急指挥人员	0.102 3	0	0
		信息共享和决策支持系统	0.094 2	0	0
	应急监视能力	码头监视设备覆盖率	0.097 1	0	0
		VTS 覆盖率	0.097 0	100	9.70
	应急处置能力	应急辅助船舶	0.126 0	26	3.28
		浮式设备库	0.090 2	80	7.22
		应急清污人员	0.111 0	15	1.67
		回收物陆上接收处理能力	0.041 4	11	0.46
	综合保障能力	资金保障	0.081 4	0	0
		应急演习	0.086 4	0	0
“软实力”指标		24.89			

7.2.4 应急能力综合评估

根据上述分析，案例城市溢油应急“硬实力”为 38 t，“软实力”计算结果为 15.49 分，“软实力”系数为 0.15。综合溢油应急“硬实力”和“软实力”，案例城市溢油应急能力为 6 t。

建设设备库后，案例城市溢油应急“硬实力”为 178 t，“软实力”计算结果为 24.89 分，“软实力”系数为 0.25。建设设备库后，综合溢油应急“硬实力”和“软实力”，案例城市溢油应急能力为 44 t。

第8章 基于空间布局的溢油应急能力规划方法

依据规划水域风险等级，在现有溢油应急装备物资分布基础上，综合考虑风险水域的应急需求、应急速度、建设投资等因素，依据一定的布局原则，对溢油应急能力进行科学合理的规划布局。本章将对基于空间布局的溢油应急能力规划方法进行详细介绍。

8.1 应急能力规划方法进展

8.1.1 应急能力规划方法

应急能力规划方法包括专家判断法、德尔菲法、头脑风暴法和数学模型法。

专家判断法是指专家或专家小组基于个人经验对问题进行分析，对应急能力建设提出方案的方法。这种方法有利于专家们之间取长补短、相互启发，但是也存在专家间互相干扰、因为专家数量过少导致不够全面等问题。

德尔菲法是指通过函询方式向若干专家分别征求意见，各专家在互不沟通的情况下，根据自己的观点和方法进行分析，然后将专家意见收集起来、采用不记名方式反馈给各位专家，请专家进行修正调整，反复数次，最终确定建设方案。这种方法存在弱干扰性、全面性等优点，但同时也存在主观片面性、易忽视少数人的意见而导致预测的结果偏离实际、存在组织者主观影响等缺点。

头脑风暴法是指集中有关专家召开专题会议，主持者以明确的方式向所有参与者阐明问题，说明会议的规则，尽力创造融洽轻松的会议气氛。主持者一般不发表意见，以免影响会议的自由气氛。由专家们“自由”提出尽可能多的方案。这种方法具有操作简单、自由平等、有意外收获等优点，缺点是对主持者和参与者素质的要求较高。

数学模型法是指采用数学模型对应急能力规划进行定量化研究的方法。关于应急能力规划的数学模型法主要指数学规划法；数学规划法是运筹学的一个重要分支，包括线性规划、非线性规划、整数规划和动态规划等。数学模型法的应用对象可以分为三类，即应急设备配置优化方法、应急设备库选址方法和应急反应战略战术决策方法。

8.1.2 溢油应急能力规划方法

20 世纪 80 年代前，制订溢油应急能力规划时，大多采用专家判断法、德尔菲法和头脑风暴法等定性分析方法。这些方法一般是基于对溢油事故风险的预测，在设定溢油应急能力布局的基本原则和预期情景后，由专家或项目组成员进行逻辑分析，逐步形成备选方案集合，通过专家研讨会、征求意见等形式确定最终方案。20 世纪 80 年代后，溢油应急能力规划逐步进入定量分析阶段。

溢油风险的应急防备设施的选址问题可以通过物流仓库选址模型来解决。随着物流仓库选址模型的不断发展，1980 年后，美国等国家在物流仓库选址模型的基础上开始尝试对溢油应急设备存放点选址问题开展研究。美国的 Psareftis 等（1986）考虑到不同的环境敏感程度及溢油事故发生频率，开发了一个确定反应设备储存地点的模型，目标函数是成本最低，其成本主要包括仓储和购买设备的固定成本，以及随着溢油规模和反应规模而变化的应急反应成本。Wilhelm 等（1997）建立了一个针对溢油应急设备存放位置的一般整数规划模型，计算最优化设备存放方案。

我国从 2000 年起逐步开始了这方面的研究，程东等（2000）、肖景坤（2001）、徐晓光（2003）等国内学者运用最优化理论，如整数规划中的最大覆盖模型，以确定溢油应急设备优化配置或存放方案。2006 年起，叶龙（2006）、陆梦（2007）、陆梦等（2010）、寇苗（2011）等国内学者研究了海上溢油应急资源的选址问题，提出了海上溢油应急时间满意度的指标，构建了基于应急时间满意度的最大覆盖模型和基于应急时间满意度的集合覆盖模型，并运用 GIS、MATLAB 等软件进行求解。国内学者王晶（2011）提出了应急能力可靠度的概念，即事故点在有效时间内得到救助的可能性，并以提高应急能力可靠度为目标，建立了基于随机机会约束规划理论的海上船舶溢油事故应急物资调度双目标模型，提出了运力限制下的应急物资协同调度方法。方晨（2011）在海上突发事故应急资源供应点选址完毕的基础上，借鉴科斯的产权制度理论，运用合作博弈理论中理性机制、效用转移机制及协商机制解决利益分配问题，提出海上突发事故应急资源优化配置方法，并运用柯布 - 道格拉斯（Cobb-Douglas）生产函数建立确定最优分配方案的应急资源优化配置模型。艾云飞（2013）考虑了应急物资需求的不确定性，建立了三角模糊需求下的水上应急物资储备库选址 - 分配优化模型，针对模型设计了遗传算法并求解；还建立了联盟收益模型，运用 Shapley 值解决应急合作联盟收益分配问题，最后分析了联盟的稳定性；但是，该研究在应急资源优化配置决策目标函数中仅考虑了应急物资对风险点的最大覆盖这一个因素，此外也未给出影响应急资源配置的溢油风险确定方法。

2018 年后，溢油应急能力规划定量分析方法针对现实问题继续深入，也更加精细，如李松等（2015）考虑了各溢油应急物资集散点和各船之间可从时间上并行作业的特点，将各类应急物资需求量统一转换为当量体积，以所有参与应急响应的应急处置船中航时最大的船的航时最小化以及同一集散点的各船航时之差最小为目标，建立了大型海上溢油事故应急物资联动调度模型。

8.2　应急能力规划目标确定

基于应急能力现状和未来发展需求，如何确定合理的应急能力规划目标是应急能力规划的关键环节。应急能力规划目标过高会导致投入偏高，造成资源浪费；应急能力规划目标过低会导致无法适应未来发展形势，进而带来新的社会问题。可以通过分析规划水平年可能发生的海上溢油应急事故规模，结合现有溢油应急能力水平和建设的可行性，综合分析确定应急能力规划目标。本节提出了一套基于历史事故统计和情景设计的溢油事故规模分析方法，一方面考虑目前我国海上溢油事故规模和概率统计情况，对未来可能发生的事故规模和概率进行预测，另一方面考虑溢油风险源情况，对不同风险源可能发生的溢油事故情景进行预测。

8.2.1 历史事故拟合预测事故规模和概率

海上事故溢油具有随机的特征。对我国 1973—2019 年有记录的 50 t 以上的溢油事故进行分析，得到我国不同规模的溢油事故概率的分布规律，我国已发生的溢油历史事故中有 5% 的溢油事故规模超过 1 922 t，2% 的溢油事故规模超过 3 343 t。

利用溢油历史事故规模和发生频率，对未来不同事故规模和发生概率进行预测。经分析，逆高斯分布、广义帕累托分布和 S 曲线等 3 种方法的拟合效果较好。通过 3 种方法对未来不同频率和重现期的溢油事故规模（3 种方法预测的最大值作为目标方案的设置依据）进行预测，预测结果如表 8-1 所示。其中，重现期是指某区域发生最大事故规模为多少年一遇。经预测，30 年一遇的事故规模为 3 800 t，50 年一遇的事故规模为 7 700 t。

表 8-1　全国海上溢油风险分析结果

频率 /（起 /a）	事故规模预测		事故重现期
	事故规模 /t	占总事故数（溢油 50 t 以上）比例 /%	
1.000	300	41	1 年一遇
0.200	700	16	5 年一遇
0.100	1 200	8	10 年一遇
0.050	1 500	4	20 年一遇
0.033	3 800	2	30 年一遇
0.020	7 700	2	50 年一遇
0.014	21 100	1	70 年一遇
0.010	135 400	0	百年一遇

8.2.2　典型事故海上溢油规模预测

根据我国石油平台、运输船舶、输油管线和储罐等风险源的溢油事故特征，在分析溢油历史事故有关信息的基础上，结合相关行业发展规划，预测不同溢油风险源引起的典型溢油事故规模。

8.2.2.1　石油平台井喷事故

石油平台重大海上溢油事故主要是发生井喷事故。井喷溢油事故虽然不常发生，但一旦发生，溢油量很大。例如，1977 年，挪威埃菲斯克油田在 8 天中喷出原油 28 000 t；2010 年 4 月 20 日，美国墨西哥湾原油泄漏事件中每天的原油泄漏量达到 1 万 t，井喷事故持续近 3 个月。我国海上石油开发多年来，目前还未有井喷事故的报道。

在国内有关法规文件中未见介绍石油勘探生产设施最大溢油量预测方法的报道；美国环境保护标准中推荐了石油平台井喷事故溢油量的方法，利用油井的产油量和控制油井井喷时间确定。控制油井井喷时间需依据井喷控制技术的水平来确定。在美国环境保护局的标准中，将井深不超过 3 000 m 的井组从发生井喷到事故完全终止的时间定为 30 d；将井深超过 3 000 m 的井组从发生井喷到事故完全终止的时间定为 45 d。

海上油气开发过程中使用的海上浮式储油装置（FPSO）是发生油品泄漏的高风险源。FPSO 体型庞大，目前船体一般为 5 万～30 万 t，分布在我国渤海和南海水域。目前在用 FPSO 以 10 万～15 万 t 级居多，货油舱 10～15 个，单个油舱储油量可达到 5 500 t，发生油品泄漏时可按照油船的泄漏量进行预测。

8.2.2.2　运输船舶海难事故溢油量预测

根据历史污染事故统计，海难事故是造成运输船舶发生重大海上溢油事故的主要原因。由于船舶发生触礁、触岸、搁浅、碰撞、浪损、爆炸等造成财产损失或人身伤亡的事故，均称为海难事故。目前，全球海上航运市场的主要船型是油轮、散货船和集装箱船。根据交通运输部规划研究院对船型发展所做的有关研究，在全球海运船舶中，沿海近洋干散货船舶主要为 1 万～3 万 t 级船舶，远洋干散货船舶主力船型以 6 万～10 万 t 级为主；远洋集装箱船主力船型为 5 万～10 万 t 级船舶，沿海、近洋集装箱船主力船型为 3 万～5 万 t 级；沿海近洋油轮主力船型为 3 万～5 万 t 级船舶，远洋油轮主力船型为 20 万～30 万 t 级超大型油轮。根据 2006 年颁布的《船舶污染海洋环境风险评价技术规范（试行）》，预测最可能发生海难性船舶污染事故的溢油量时，油轮按照 1 个左右油舱的油全漏完预测，其他非油轮货船则按照燃油全部泄漏计算。根据中国远洋运输集团和中国海运集团提供的典型船舶的燃油舱、货油舱个数和载带油品总量，预测我国沿海各主力船型一旦发生溢油事故的可能溢油量（结果如表 8-2 所示）。

表 8-2　主力船型可能溢油量预测

主力船型	溢油量 /t
沿海、近洋干散货船	600～1 800
远洋干散货船	2 200～3 600
沿海、近洋集装箱船	1 000～3 000
远洋集装箱船	5 000～10 000
沿海、近洋油轮	1 000～3 800
远洋油轮	16 000～18 000

8.2.2.3　输油管线事故溢油量

海底输油管线的油品泄漏有两种：一是小孔泄漏；二是大面积泄漏。输油管线油品泄漏量与发现控制时间、泄漏原因、泄漏管径和周边环境等因素密切相关，但对其泄漏量还未有明确的计算方法。本节海底输油管线发生泄漏的单次泄漏量参考历史输油管线泄漏量设定。由于我国输油管线建设历史时间较短，因而海底输油管线泄漏量的报道较少。1984—2013 年，我国共发生 50 t 以上的管线泄漏事故 4 起，最大泄漏量达到 1 470 t，平均泄漏量为 750 t。美国管线运输油品历史较长，记载的溢油历史事故较多。1964—1999 年，美国外大陆架共发生海底管线漏油事故 16 起，泄漏油品达 22 948.29 t，平均单次事故油品泄漏量为 2 360 t（Anderson et al.，2000）。

8.2.2.4　储罐泄漏溢油量

陆上储罐如果距海较近，罐区油品发生泄漏后可能会顺流入海，引起海上溢油事故。我国历史上影响最大的陆上储罐溢油事故是 2010 年 7 月 16 日发生的大连新港溢油事故，高达 4 万 t 油品泄漏入海。我国沿海大型油品储罐容积一般为 5 万～15 万 m^3。以典型事故进行预测，假设储罐容积为 10 万 m^3，按照储油量为实际储油能力的 85%～95%，一旦发生大型爆炸或火灾事故，油品全部泄漏入海计算，其泄漏量为 8.5 万～9.5 万 t。

综上所述，储罐溢油事故规模预测如表 8-3 所示。

表 8-3　典型溢油事故规模预测

风险源	泄漏事故	泄漏量预测 /t
石油平台	井喷事故	3 000
	浮式储油装置泄漏	5 500
运输船舶	远洋船舶海难事故	18 000
	沿海、近洋船舶海难事故	3 800
输油管线	管线折断	2 360
储罐	泄漏入海	95 000

8.2.3　分类型、分海域溢油规模预测

利用世界银行、挪威船级社和保险行业推荐的通用模式（Veritas，2011）分类型、分海域预测溢油概率和规模。其中，选取同类风险源发生的溢油事故历史数据作为参考。参考次序方面，相同海域、相同区块优先；时间方面，近十年所发生溢油事故的历史数据优先。溢油风险源主要包括钻井平台溢油以及原油管线泄漏、FPSO、储罐、终端码头等。

该模式起源于汽车保险业对各类车型的事故概率分布统计，后者用于保险行业保险额计算。逻辑事实即后果越严重、概率越低，由实践和历史数据支持，适用于任何风险源类型。世界银行借鉴后，用于对海洋石油工业的贷款风险评估。本研究将概率和泄漏量之间的指数曲线公式用于各类型海上溢油事故发生概率和泄漏量的预测。

8.2.3.1　运输船舶事故

$$F=F_0\times Q^{-b} \tag{8-1}$$

$$F_0=n/N \tag{8-2}$$

式中：F——单船发生某一等级溢油量事故的概率；

Q——某一等级的溢油量；

F_0——单船发生溢油事故的概率；

b——常数，取值为 0～1；

n——一年的船舶事故数量；

N——一年的船舶艘次。

船舶的溢油事故基础数据使用 1973—2013 年（共 41 年）的历史事故数据，船舶艘次信息使用 2002—2012 年（共 11 年）的统计数据，分三大海区进行分析。

依据上述公式，分海区进行统计，使用最小二乘法拟合常数 b，得到船舶单船事故概率的公式为

$$F= 5.8567 \times 10^{-7} \times Q^{-0.4587} \text{（1 号海区）} \quad (8\text{-}3)$$

$$F= 2.9177 \times 10^{-7} \times Q^{-0.4448} \text{（2 号海区）} \quad (8\text{-}4)$$

$$F=3.7896 \times 10^{-7} \times Q^{-0.3709} \text{（3 号海区）} \quad (8\text{-}5)$$

对于储罐、石油平台、输油管线三类溢油风险源，由于我国沿海事故量较少，不具有统计意义，故参考世界同类海上石油设施、同类作业方式所发生溢油事故的历史数据，分别得到如下公式。

8.2.3.2 石油平台事故

石油平台事故可分为开发钻井溢油事故和油气生产作业溢油事故两种类型。

1）开发钻井溢油概率

$$F=2.5 \times 10^{-4} \times Q^{-0.3} \quad (8\text{-}6)$$

式中：F——单个钻井钻探期间发生某一等级溢油量事故的概率；

Q——某一等级的溢油量。

2）油气生产作业溢油概率

$$F=0.019 \times Q^{-0.988} \times P \quad (8\text{-}7)$$

式中：F——单个石油平台油气生产作业期间发生某一等级溢油量事故的概率；

Q——某一等级的溢油量；

P——平台的油处理量，10^8 t。

8.2.3.3 储罐

$$F = 0.6 \times Q^{-0.5} \times C \quad (8\text{-}8)$$

式中：F——单个储罐发生某一等级溢油量事故的概率；

Q——某一等级的溢油量；

C——该储罐的储量，10^6 t。

8.2.3.4　输油管线

$$F = 5.0 \times 10^{-4} \times Q^{-0.46} \times L \tag{8-9}$$

式中：F——单条输油管线发生某一等级溢油量事故的概率；

Q——某一等级的溢油量；

L——该输油管线的长度，km。

现状和规划输油管线的数量、位置、长度信息来源于中海油专题报告。

根据公式计算运输船舶、石油平台（分为开发钻井和油气生产作业两部分）、储罐、输油管线的溢油风险概率，结果如表 8-4～表8-8 所示。其中，船舶分三个海区分别计算其基础概率，石油平台、储罐、输油管线的基础概率不分海区。

根据上述风险概率公式计算，将石油平台开发涉及的开发钻井和油气生产作业的溢油风险概率合并，通过计算得到每一类风险源在特定溢油频率下的溢油规模（如表 8-9 所示）。

表 8-4　运输船舶溢油风险概率

海区	溢油概率							
	50 t	100 t	200 t	500 t	1 000 t	2 000 t	5 000 t	10 000 t
1 号海区基础概率	9.74×10^{-9}	7.08×10^{-9}	5.15×10^{-9}	3.39×10^{-9}	2.46×10^{-9}	1.79×10^{-9}	1.18×10^{-9}	8.57×10^{-9}
1 号海区总概率	0.258	0.187	0.136	0.090	0.065	0.047	0.031	0.023
2 号海区基础概率	4.85×10^{-9}	3.53×10^{-9}	2.57×10^{-9}	1.69×10^{-9}	1.23×10^{-9}	8.93×10^{-9}	5.87×10^{-9}	4.27×10^{-9}
2 号海区总概率	0.201	0.146	0.107	0.070	0.051	0.037	0.024	0.018
3 号海区基础概率	6.30×10^{-9}	4.58×10^{-9}	3.34×10^{-9}	2.19×10^{-9}	1.59×10^{-9}	1.16×10^{-9}	7.62×10^{-9}	5.54×10^{-9}
3 号海区总概率	0.211	0.154	0.112	0.074	0.053	0.039	0.026	0.019

表 8-5 储罐溢油风险概率

海区	溢油概率							
	50 t	100 t	200 t	500 t	1 000 t	2 000 t	5 000 t	10 000 t
基础概率	0.005 9	0.004 2	0.003 0	0.001 9	0.001 3	0.000 9	0.000 6	0.000 4
1 号海区	0.253	0.179	0.127	0.080	0.057	0.040	0.025	0.018
2 号海区	0.277	0.196	0.139	0.088	0.062	0.044	0.028	0.020
3 号海区	0.156	0.110	0.078	0.049	0.035	0.025	0.016	0.011

表 8-6 开发钻井溢油风险概率

海区	溢油概率							
	50 t	100 t	200 t	500 t	1 000 t	2 000 t	5 000 t	10 000 t
基础概率	7.73×10^{-5}	6.28×10^{-5}	5.10×10^{-5}	3.88×10^{-5}	3.15×10^{-5}	2.55×10^{-5}	1.94×10^{-5}	1.58×10^{-5}
1 号海区	0.071	0.058	0.047	0.036	0.029	0.023	0.018	0.014
2 号海区	0.004	0.004	0.003	0.002	0.002	0.001	0.001	0.001
3 号海区	0.038	0.031	0.025	0.019	0.015	0.013	0.010	0.008

表 8-7 油气生产作业溢油风险概率

海区	溢油概率							
	50 t	100 t	200 t	500 t	1 000 t	2 000 t	5 000 t	10 000 t
基础概率	3.98×10^{-4}	2.01×10^{-4}	1.01×10^{-4}	4.09×10^{-5}	2.06×10^{-5}	1.04×10^{-5}	4.21×10^{-6}	2.12×10^{-6}
1 号海区	1.22×10^{-2}	6.14×10^{-3}	3.09×10^{-3}	1.25×10^{-3}	6.31×10^{-4}	3.18×10^{-4}	1.29×10^{-4}	6.48×10^{-5}
2 号海区	2.31×10^{-4}	1.16×10^{-4}	5.87×10^{-5}	2.37×10^{-5}	1.20×10^{-5}	6.04×10^{-6}	2.44×10^{-6}	1.23×10^{-6}
3 号海区	5.60×10^{-3}	2.82×10^{-3}	1.42×10^{-3}	5.76×10^{-4}	2.90×10^{-4}	1.46×10^{-4}	5.92×10^{-5}	2.99×10^{-5}

表 8-8　输油管线溢油风险概率

海区	溢油概率							
	50 t	100 t	200 t	500 t	1 000 t	2 000 t	5 000 t	10 000 t
基础概率	8.27×10^{-5}	6.01×10^{-5}	4.37×10^{-5}	2.87×10^{-5}	2.08×10^{-5}	1.52×10^{-5}	9.94×10^{-6}	7.23×10^{-6}
1 号海区	0.069	0.050	0.036	0.024	0.017	0.013	0.008	0.006
2 号海区	0.032	0.024	0.017	0.011	0.008	0.006	0.004	0.003
3 号海区	0.064	0.046	0.034	0.022	0.016	0.012	0.008	0.006

表 8-9　分海域、分类型溢油概率和溢油规模

溢油概率		1.000	0.200	0.100	0.050	0.033	0.020	0.014	0.010
溢油频率		1 年一遇	5 年一遇	10 年一遇	20 年一遇	30 年一遇	50 年一遇	70 年一遇	百年一遇
运输船舶	1 号海区	3	87	393	1 782	4 323	13 138	27 362	59 539
	2 号海区	2	57	272	1 293	3 225	10 145	21 619	48 200
	3 号海区	2	70	344	1 690	4 300	13 867	30 036	68 134
储罐	1 号海区	3	80	321	1 285	2 897	8 032	15 744	32 127
	2 号海区	4	96	384	1 535	3 460	9 593	18 804	38 372
	3 号海区	1	30	121	484	1 090	3 023	5 926	12 092
石油平台	1 号海区	1	5	22	172	639	3 426	10 468	34 288
	2 号海区	0	0	0	0	0	1	2	4
	3 号海区	0	2	5	25	85	434	1 310	4 265
输油管线	1 号海区	0	5	22	100	241	730	1 516	3 292
	2 号海区	0	1	4	20	47	144	299	648
	3 号海区	0	4	19	84	204	618	1 284	2 789

8.2.4　溢油应急处置能力规模分析

预测海上溢油事故规模时，可选择 30 年一遇或者 50 年一遇的事故规模为应急处置能力目标待选值；预测不同风险源未来可能发生的溢油事故规模时，可选择概率最大和规模最大的事故为应急处置能力目标待选值。

能力建设目标的设定需要考虑 2020 年前达到的可行性。对沿海 20 n mile 内高风险水域的综合清除控制能力的现状水平进行统计，应急能力达到 1 000 t、2 000 t、3 000 t 的海域面积分别占总海域面积的 95%、71% 和 43%，1 号海区、2 号海区和 3 号海区总能力已分别达到 2.6 万 t、1.8 万 t 和 3.3 万 t。应急能力建设目标选值与现有应急能力的对比如表 8-10 所示。

表 8-10　应急能力建设目标选值与现有应急能力的对比

序号	建设目标 /t	来　源	现有应急能力覆盖率 /%		
			1 号海区	2 号海区	3 号海区
1	1 000	《国家重大海上溢油应急处置预案》对重大海上溢油应急事故的界定规模	98	40	55
2	2 000	1 号海区和 3 号海区 20 年一遇的最大规模事故	65	31	28
3	3 200	沿海、近洋船舶典型溢油量，2 号海区 30 年一遇最大规模事故	40	17	16
4	3 800	历史污染事故 30 年一遇	22	14	16
5	4 300	1 号海区和 3 号海区 30 年一遇最大规模事故	16	12	14
6	7 700	历史污染事故 50 年一遇	0	0	8
7	18 000	远洋油轮典型溢油量	0	0	0
8	95 000	储罐最大可能溢油量	0	0	0

注：现有应急能力覆盖率指对沿海 60 n mile 内较高以上风险海域的覆盖程度。

对比现有应急能力与能力目标，在 1 号海区、2 号海区、3 号海区，目前沿海较高风险海域中应急能力达到 3 200 t 的海域面积分别占总海域面积的 40%、17% 和 16%，达到 3 800 t 的海域面积分别占总海域面积的 22%、14%、16%，达到 4 300 t 的海域面积分别占总海域面积的 16%、12%、14%。

8.3　基于空间布局的溢油应急能力规划方法介绍

我国溢油应急装备物资一般存放在溢油应急设备库，本节重点对应急设备库选址问题进行介绍。溢油应急设备库优化选址的基础模型主要有 P 中值模型、全覆盖模型、最大覆盖模型和多重覆盖模型，其他模型都是基于上述基础模型进行改进和优化的。

8.3.1 应急设备资源优化选址的基础模型

8.3.1.1 P 中值模型

中值问题最早由 Hakimi 于 1964 年提出，其目标是使所有需求点到设施的平均权重距离最短（距离也可用运输时间表示）。应急问题中最突出的要求就是时间的紧迫性，那么在满足时间紧迫性的前提下，考虑应急物资储备库到各应急需求点加权距离最小更具有实际意义。P 中值模型可以描述为

$$\min\sum_{i=1}^{n}h_i d(v_i,x)$$

$$\text{s.t.}\quad d(v_i,x)\leqslant\lambda \qquad (8\text{-}10)$$

$$x\in G$$

式中：h_i——点 i 的权重，代表点 i 发生事故的频率。

如果记 $z_m(x)=\sum_{i=1}^{n}h_i d(v_i,x)$，则使 $z_m(x)$ 最小的点 x_m 叫作 G 的绝对中位点。若 $\lambda\in[0,z_c(x_c)]$，根据绝对中位点的定义，上述模型没有可行解；若 $\lambda\in[z_c(x_c),+\infty]$，根据绝对中位点的定义，$x_m$ 是 1 个最优可行解，其实际意义即是将设备库选址在该网络的绝对中位。

8.3.1.2 全覆盖模型

假设每个事故点存在 1 个最大标准距离（或最大标准时间），当事故点与设备库的运输距离（或运输时间）在该标准距离 S（或标准时间 R）之内时，即 $d_{ij}\leqslant S$ 或 $t_{ij}\leqslant R$，则设备库 j 覆盖了事故点 i，或称为需求点 i 被设备库点 j 覆盖。

1）设备库数目最少的全覆盖模型。如果每个设备库的建设成本一样，目标是确定所需设备库的最少数目，并配置这些设备库使所有的事故点都能被覆盖到。

输入：事故点与设备库之间的距离（时间）矩阵 $\boldsymbol{D}$；标准距离 S（或标准时间 R）；所有能覆盖事故点 i 的备选设备库模型的集合为 $N(i)$。

输出：决策变量 x_j，备选设备库 j 被选中时，$x_j=1$；否则为 0。

模型如下：

$$\min z=\sum_{i\in I}x_j\text{——设备库数量最少}$$

s.t. $\sum_{i \in N(i)} x_j \geqslant 1$——保证每个事故点至少被 1 个设备库覆盖 （8-11）

$x_j \in (0,1)$——限制决策变量为整数变量

2）成本最小的全覆盖模型。如果每个备选的设备库的成本不同，可以建立成本最小模型。目标是确定建设设备库的成本最小，并配置这些设备库使所有的事故点都能被覆盖到。

输入：c_j 为备选设备库 j 的费用；事故点与设备库之间的距离（时间）矩阵 $\boldsymbol{D}$；标准距离 S（或标准时间 R）；所有能覆盖事故点的备选设备库模型的集合为 $N(i)$。

输出：决策变量 x_j。

模型如下：

$\min z = \sum_{i \in I} c_j x_j$——设备库成本最低

s.t. $\sum_{j \in N_I} x_j \geqslant 1$——保证每个事故点至少被 1 个设备库所覆盖 （8-12）

$x_j \in (0,1)$——限制决策变量为整数变量

8.3.1.3 最大覆盖模型

在实际决策中，覆盖全部的需求点可能会导致过高的财政支出。如果由于资金预算的限制而无法覆盖全部的需求点，且设备库的数目固定为 p，则可以建立最大覆盖模型。其目标是选择设备库的位置，使覆盖的事故点的价值总和（呼叫次数、风险、人口或其他权重指标）最大。

输入：设备库数目 p；事故点的权重；事故点与设备库之间的距离（时间）矩阵 $\boldsymbol{D}$；标准距离 S（或标准时间 R）；所有能覆盖事故点 i 的备选设备库模型的集合为 $N(i)$。

输出：两个决策变量。

设当第 i 个事故点被覆盖时，$y_i=1$，否则为 0；

当设备库 j 被选中时，$x_j=1$，否则为 0。

模型如下：

$$\max z = \sum_{i \in I} w_i y_i \tag{8-13}$$

当权数 w_i 都取 1 时，表示事故点同等重要，最大覆盖模型是保证覆盖的事故

点最多；当权数 w_i 表示事故点的服务呼叫次数时，最大覆盖模型是保证覆盖服务呼叫次数最多；当权数 w_i 表示事故点风险程度的指标值时，则最大覆盖模型是保证整个地区的溢油风险防备目标最大化，即最大覆盖高风险的事故点。

$z=\sum_{i\in N_I}(x_j-y_i)\geqslant 0$——保证选定的设备库覆盖事故点 i

$\sum_{j\in J}x_j=p$——固定被选择的设备库数目为 p　　（8-14）

$x_j,y_i\in\{0,1\}$——限制决策变量为整数变量

实际上，通过连续变动 p，也可以使用该模型求得覆盖所有事故点必需的最少设备库数目 k。而且，在这个过程中，可以计算增加 1 个额外的服务设施所带来的边际福利（覆盖率），与相应增加的成本相比较，从而使决策者可以在成本和社会福利之间作出合理的权衡。

8.3.1.4　多重覆盖模型

如果 1 个设备库的功能无法满足某个事故点的处理要求，单一覆盖不能保证应急效果，则需要附近的其他设备库具备备用覆盖功能，即该事故点需要被多重覆盖。

目标是要求每个事故点被设备库覆盖一次的同时，被两次覆盖的事故点的设备库选点总价值最大。

输入：设备库数目固定为 p；距离矩阵；标准距离。

输出：如果事故点 i 被覆盖至少两次，u_i 为 1，否则为 0；对 x_j，选中设备库 j 为 1，否则为 0。

模型表述如下：

$\max z\sum w_j u_i$——两次覆盖需求点设备库选点总价值最大

s.t. $\sum x_j-u_i\geqslant 1$——各事故点均被覆盖

$\sum x_j=p$——设备库数目为 p　　（8-15）

$u_i\in\{0,1\}$

在此需要注意的是 p 必须足够大，才能保证上述约束成立，否则该模型不可行。对多重覆盖模型，希望最优设备库集合可以满足以下三个要求：

①设置最少数目的服务设施；

②能够至少一次覆盖各需求点；

③如果有可能，尽量第二次覆盖各需求点。

具体做法为：使用该模型，连续变动 p（从 1 到 k），当优化模型从不可行变为

可行时，可求得覆盖所有需求点的最少设备库数目 k，同时得到备用覆盖最优的服务设施模型。

综上所述，设备库选址决策过程是一个综合性的、集成的过程。所得结果为可以满足快速应急需求的最少的应急设备库数量以及所选位置。一般而言，应急设备库决策过程可以分为以下三个步骤：

①通过风险分析，确认目标区域内所有敏感目标。

通过风险分析，确认目标区域内所有可能需要设备库覆盖的敏感目标（即需求点），得到每个需求点的风险值。

②设定设备库到敏感目标的最大应急时间或最小通行距离等目标。

由于设备库是独立集中存放设备的，并且每一设备库可能服务于多个敏感目标，因此必须设定设备库的可利用性，即设备库可以对敏感目标进行应急的最大时间。这一限制条件非常重要，因为这是确定覆盖所有敏感目标所需的设备库数目的重要因素。同时，还应确定敏感目标到设备库的最小通行距离，决策者必须在成本最小化和应急过程时效性之间进行权衡。

③利用合适的决策模型来确定设备库的合理数量和可能位置。

此步骤为选址决策过程的关键之所在；在完成前述两个步骤之后，就需要利用决策模型为设备库进行选址决策。利用率最高、适用范围最广的模型为最大覆盖模型。

8.3.2 基于风险空间分布的溢油应急设备库布局优化模型

从 2000 年起，交通运输部就开始在全国建设船舶溢油应急设备库，用于储存卸载泵、收油机、围油栏、分散剂等船舶溢油应急物资。为了科学确定船舶溢油应急设备库建设地点和建设规模，基于本书编著团队多年来在船舶溢油应急设备库工程咨询方面积累的经验，本节提出了一套基于风险空间分布的溢油应急设备库布局优化模型。

8.3.2.1 技术路线

基于溢油应急设备库现状和沿海水域风险水平，考虑溢油应急能力布局目标，运用运筹学的多目标决策模型，得到溢油应急设备库布局方案。技术路线如图 8-1 所示，具体步骤如下。

①设定我国沿海设备库备选地址集合、设备库应急半径，提出我国所有沿海水域全覆盖的约束条件；

②基于我国沿海水域风险水平分布，提出高风险水域优先布局的约束条件；

③依据溢油事故发生地点分析，确定规划水域范围。根据不同水域的风险等级，结合溢油应急能力规模分析结果，提出不同风险水域的溢油清除能力目标；

④采用沿海水域的综合溢油应急能力计算方法，提出全国沿海水域网格的综合应急能力需满足溢油应急能力目标的约束条件；

⑤采用溢油应急能力现状估算方法，结合我国溢油清除能力现状，提出现有应急资源充分利用的约束条件；

⑥提出成本最小、高风险水域覆盖率最高、应急时间最小的多目标函数；

⑦建立多目标决策模型，计算最优解，采用专家咨询、方案比选、效益分析等方法，得到我国海上溢油应急设备库的布局方案。

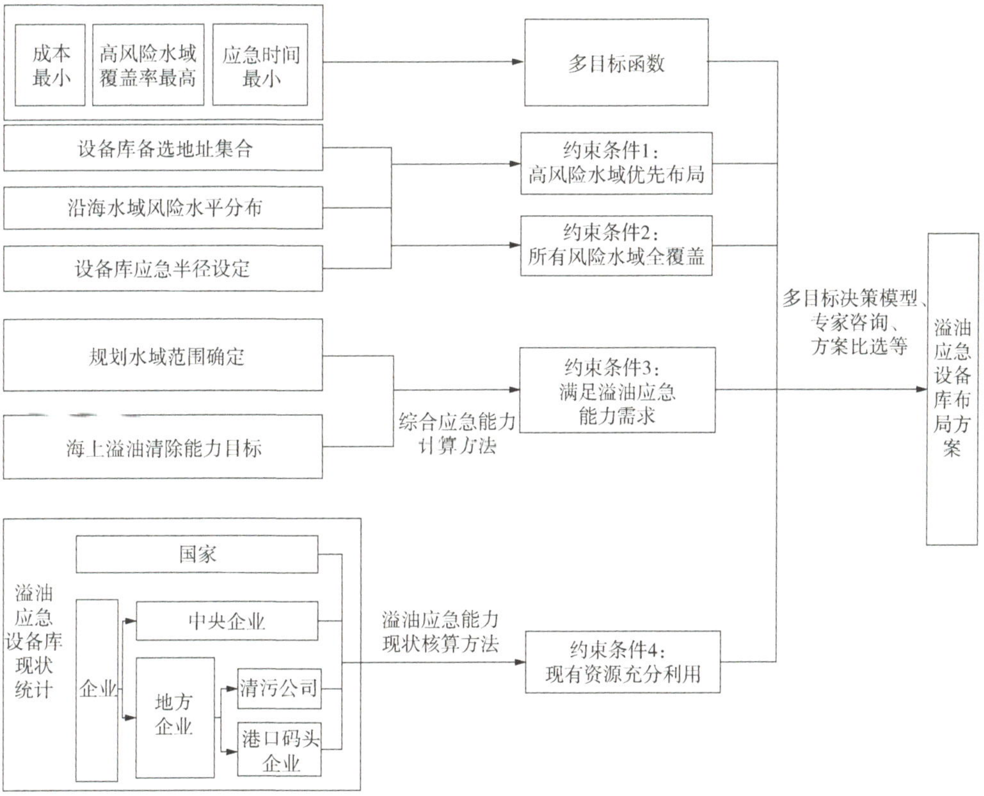

图8-1　溢油应急设备库布局优化模型技术路线

8.3.2.2　模型设计思路

溢油应急设备库优化选址模型可以抽象成如下的数学问题：假设溢油应急设备

库备选点共有 M 个，溢油风险点共有 N 个。已知每个设备库到每个溢油风险点的距离 D，每个风险点的风险值为 R_i，其风险等级值为 λ_i，每个设备库建设的应急能力为 C_i，每个设备库的成本为 Q_i，每个设备库的应急半径为 d，在备选点中至少需要选择几个点用于建设设备库，可以满足以下目标：

①设备库可以实现对风险点的全覆盖；

②设备库与所有风险点的总距离最短；

③定义每个风险点可以调用的设备库能力总和为其能力值，优先考虑高风险点和较高风险点的能力值，并且所有风险点的能力值总和最大；

④设备库建设成本最小。

第 1 个要求可以根据基础模型中的全覆盖模型来实现。第 2～4 个要求则需要基于其他基础模型，对其进行深化发展，构建多目标应急资源储备库优化选址模型。在此，针对第 2 个要求，将构建时间满意度模型来实现设备库与所有风险点的总距离最短的目标；针对第 3 个要求，构建能力满意度模型来实现风险点可响应的设备库能力最大的目标；针对第 4 个要求，构建建设费用模型来实现成本最小的目标。最后，将第 1～4 个要求对应的 4 个模型进行综合求解，形成最终的多目标应急资源储备库优化选址模型。

8.3.2.3 溢油风险和应急能力匹配技术

溢油应急设备库布局优化模型的目标是根据风险水域的分布情况确定溢油应急设备库位置和规模。因此，模型建立之前，需要解决溢油风险和应急能力如何匹配的问题。本小节将重点介绍溢油风险和应急能力匹配技术，说明如何对现有溢油应急能力布局情况与溢油风险空间分布特征的匹配水平进行评估，为下一步溢油应急能力空间优化布局提供支撑。

考虑溢油应急能力随距离的衰减特性，运用地理信息空间分析技术和数理统计方法，首先构建基于周边可协调溢油应急能力衰减模型的溢油控制清除能力评估方法，其次求解各空间水域网格可获得的溢油应急能力，建立空间水域网格溢油事故规模与应急能力的链接，识别空间网格上的溢油风险 - 应急能力矛盾，对现有溢油应急能力的时空分配与溢油风险的匹配水平进行评估，体现出溢油应急工作的区域性特征。

1）水上溢油应急能力时空分配

为建立区域应急能力综合评价方法，求解水上溢油应急能力时空分配最优方案，应考虑周边区域之间的相互影响关系。首先建立溢油应急能力和应急距离的衰减函数，以确定周边区域可协调溢油应急能力对空间水域网格可获得的溢油应急能力的影响。本小节中对 6.5.2 节溢油应急能力和应急距离的衰减函数进行改进。具体如下：

E_{ij} 为风险点 j 与设备库 i 之间的应急能力折算比例；假设应急设备库应急半径有两个，在距离 d' 以内时，设备库可发挥完整应急能力，而在 d' 和 d'' 内时，可发挥部分应急能力；按照线性衰减，则 E_{ij} 应为 d_{ij} 的线性函数［如式（8-16）和图 8-2 所示］。

$$E_{ij}=\begin{cases}1 & d_{ij}\leqslant d' \\ \dfrac{d''-d_{ij}}{d''-d'} & d'<d_{ij}\leqslant d'' \\ 0 & d_{ij}>d''\end{cases} \tag{8-16}$$

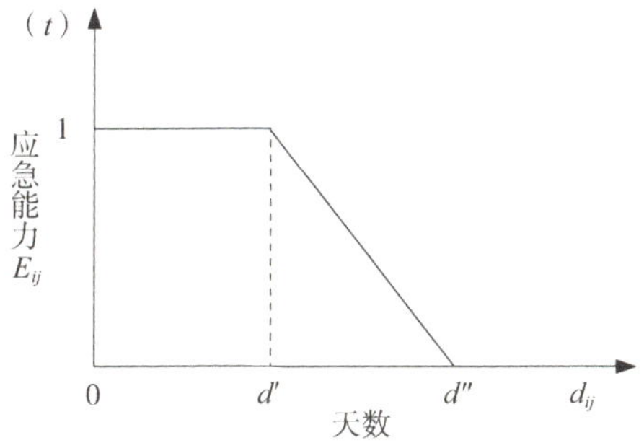

图 8-2　应急能力函数示意

2）溢油风险与应急能力匹配

某个空间水域网格可获得的溢油应急能力即为该网格从区域可协调溢油应急设备库获得的溢油应急能力之和。各空间水域网格溢油事故规模与网格可获得的溢油应急能力之差即为该网格溢油应急能力的缺口。溢油应急能力缺口值体现了区域现有溢油应急力量与溢油风险的匹配水平，也是应急能力规划布局的目标值。

8.3.2.4　应急设备库选址全覆盖模型

令 x_i=1 表示设备库 i 被选中，否则为 0，i=1，…，M，M 为设备库备选点个数；y_j=1 表示风险点 j 有设备库可以覆盖，否则为 0，j=1，…，N，N 为风险点个数；D_{ij} 表示设备库 i 与风险点 j 之间的应急距离；$\boldsymbol{D}'_{ij}$ 表示设备库 i 与风险点 j 之间的 0-1 距离判断矩阵（两者之间距离在应急半径内时取值为 1，否则为 0）。

可以通过全覆盖模型求解最少需要多少个设备库可以满足风险点全覆盖，模型如下：

$$\min\sum_{i=1}^{M}x_i$$

全覆盖约束：$\sum_{i=1}^{M}D'_{ij}x_i \geqslant 1$，$j=1$，…，$N$

现有设备库（编号为 k）必选：$x_k=1$ （8-17）

变量约束：$x_i \leqslant 1$；$y_j \leqslant 1$

8.3.2.5 多目标应急设备库优化选址模型

多目标应急设备库优化选址模型的目标函数定义为：①时间满意度最高；②能力满意度最高；③总费用最低。分别对应时间满意度模型、能力满意度模型和总费用最低模型。

1）时间满意度模型

应急时间和应急距离呈正相关关系，时间最小即意味着距离最短，因此时间满意度模型其实也是应急距离满意度模型。令 $\boldsymbol{F}_{ij}$ 为需求点 j 与备选点 i 之间的应急时间（距离）计算矩阵（若备选点 i 未配置设备库，则设其距离为特大值 100 000，意味着时间无限长；若配置任一级别的设备库，则为实际距离）：

$$F_{ij}=\begin{cases}100\,000 & S_i=0\\ d_{ij} & S_i\neq 0\end{cases} \tag{8-18}$$

H_j 为需求点 j 的最短选址设备库时间（距离），则 $H_j=\min F_{ij}$；因此，可定义需求点 j 的时间满意度为$\mathrm{ST}_j=\dfrac{1}{H_j}$（如图 8-3 所示）。

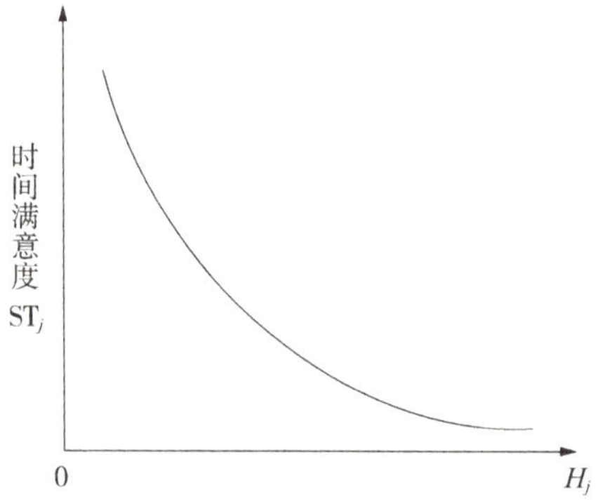

图 8-3 时间满意度函数示意

考虑高风险需求点和较高风险需求点的总满意度最高：

$$\max \mathrm{ST}=\sum_{i=1}^{n}\sum_{j=1}^{m}\lambda_j \frac{D_{ji}^{'} S_i}{R_j H_j} \quad (8\text{-}19)$$

式中：S_i——备选点 i 的状态值；

R_j——需求点 j 的风险值；

λ_i——需求点 j 的风险等级系数。

可通过调整 λ_j 的值来调整纳入时间满意度计算的需求点的等级和数量。

2）能力满意度模型

令 C_i 表示备选点 i 的应急能力，则需求点 j 获得的应急能力为

$$\mathrm{CA}_j=\sum_{i=1}^{n}E_{ij}\cdot C_i \quad (8\text{-}20)$$

则需求点 j 的能力满意度为

$$\mathrm{SC}_j=\frac{\sum_{i=1}^{n}E_{ij}\cdot C_i}{R_j} \quad (8\text{-}21)$$

考虑高风险需求点和较高风险需求点的总能力满意度最高：

$$\max \mathrm{SC}=\sum_{j=1}^{m}\lambda_j\cdot\frac{\sum_{i=1}^{n}E_{ij}\cdot C_i}{R_j} \quad (8\text{-}22)$$

可通过调整 λ_j 的值来调整纳入能力满意度计算的需求点的等级和数量。

3）总费用最低模型

总建设费用最低：$\min \mathrm{TQ}=\sum_{i=1}^{n}Q_i$　（8-23）

式中：Q_i——备选点 i 所需的投资。

4）综合模型

总的目标函数：$\max f(S_i)=\alpha\mathrm{SC}+\beta\mathrm{ST}+\gamma(M-\mathrm{TQ})$　（8-24）

式中：$\alpha+\beta+\gamma=1$，根据 3 个目标的优先级确定 α、β、γ 的值。

M——总的资金预算，预算结余越多越好。

5）约束条件

$\mathrm{CA}_j\geqslant C_i$（根据 λ_i 的值对 C_i 进行取值，为阶段函数）；

$S_k=1$（现有设备库必选，但等级可不确定）；

$S_i\in N_l$ 且为整数。

第9章

基于空间布局的溢油应急能力规划方法应用案例

9.1 案例九：沿海水域溢油应急能力规划

基于风险空间分布的溢油应急能力优化模型在地市级水域、省级水域、区域级水域均可使用。本节选取我国某省沿海水域作为模型应用案例进行展示。在该案例中，依据沿海水域风险等级，在现有溢油应急装备物资分布基础上，综合考虑风险水域的应急需求、应急速度、建设投资等因素，设定不同的布局原则，建立溢油应急物资设备库优化选址模型，通过计算求解，得到备选布局方案。采用专家咨询、效益分析等方法对备选方案进行比选分析，得到最终布局方案。

9.1.1 区域概况

案例水域的沿海海岸线全长约 3 000 km，其中岛屿岸线约 1 000 km，海域面积约 7 km^2，涉及 6 个沿海城市，现有经营性泊位 400 余个，其中万吨级以上泊位 200 余个。辖区水域有多条南北主航道，船舶流量较大，是溢油历史事故的高发水域。

9.1.2　模型设计过程

9.1.2.1　目标函数分析

根据海上溢油应急程序和应急能力建设内容，案例水域溢油应急能力建设目标涉及覆盖能力、快速反应能力和溢油应急清除能力等方面。

1）覆盖能力

为切实保障海域环境安全，海上溢油应急力量应覆盖案例全部水域；同时，为提高溢油应急效率，应划定重点覆盖的水域。由于溢油应急设备库均分布于海岸，故以与海岸线距离为标准划定重点覆盖水域。根据第 3 章的溢油风险分析方法对案例水域进行分析，离岸 20 n mile、30 n mile、50 n mile 和 80 n mile 范围内的风险值合计分别占案例水域风险总值的 85%、90%、95% 和 99%；综合考虑溢油应急覆盖面，取置信水平为 0.05，95% 的风险水域被覆盖，将距岸 50 n mile 的水域作为重点覆盖水域。对案例水域的历史污染事故和风险源现状进行空间分布分析（如图 9-1 和图 9-2 所示）；结果表明，100% 的石油储库、84% 的船舶流量、71% 的海底输油管线、73% 的石油平台皆位于离岸 50 n mile 以内的海域；90% 的海上交通险情，91% 的 50 t 以上船舶溢油事故，100% 的石油储库、海底输油管线、石油平台的溢油事故也发生在离岸 50 n mile 内的海域。因此，案例水域海上溢油应急力量重点覆盖为距岸 50 n mile 的水域。

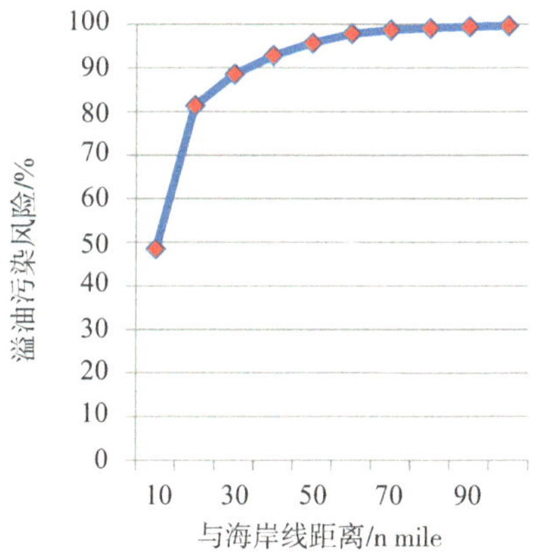

图 9-1　与海岸线不同距离溢油污染风险合计

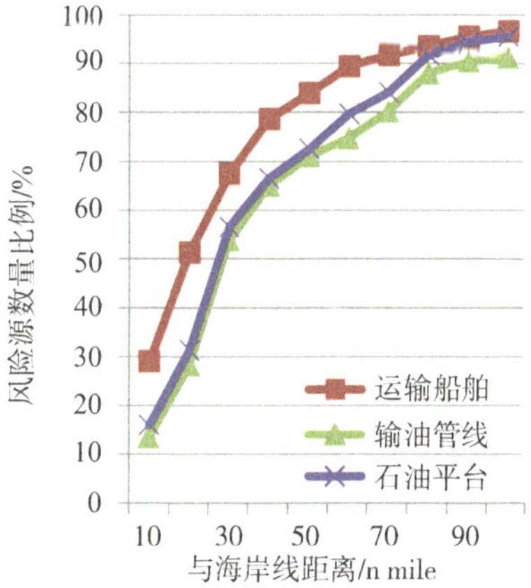

图 9-2　与海岸线不同距离风险源数量比例

2）快速反应能力

快速反应能力主要指溢油应急力量到达指定事故水域的时间，单位为 h。快速反应能力与两个方面的因素相关：首先，溢油在水上的动态行为决定了任何应急处置方案都有其适用的时间段，这个时间段与溢漏的油种、事故地的气象水文条件均相关，因此溢油应急工作的性质决定了必须在相应的时间内采取应急行动，只有在该时间段内采取应急措施才能达到较理想的效果，这就确定了应急设备需要到达现场的应急响应时间；其次，对某一具体应急装备和设施而言，其可能达到的应急响应时间是由设备设施的服务半径及其性能决定，即要到多远去作业、飞机或船舶的航速是多少。在确定应急响应时间时，一方面要考虑溢油应急时的需要，另一方面要考虑应急行动的可能。

估算海上溢油清除力量到达事故现场时间时，需考虑运输应急清污设备船速和沿海地市应急清污设备库布局。离岸 50 n mile 内的水域，考虑船速 10 kn，清污装备物资的陆上准备时间为 1 h，离岸 50 n mile 内水域的海上清除力量应急响应时间为 6 h。

3）溢油应急清除能力

溢油应急清除能力主要指可处理的海上溢油应急事故规模。海上应急作业主要考虑 3 d 的海上清污时间，设备调用范围参照《国家船舶溢油应急设备库设备配置管理规定（试行）》中的设备库服务范围。

海上溢油应急清除目标的确定主要从低目标和高目标两方面考虑：高目标即考虑高风险水域可能应对的最大事故规模，为高风险水域最高应急处置能力目标；低目标即距岸 50 n mile 的每个水域在应急响应时间内可应对的最小事故规模，为所有水域的最低应急处置能力目标；在目标确定时，需考虑高风险水域的应急处置能力目标，也需考虑全水域最低应急处置能力目标的设定。

（1）高目标

在设定高风险水域的应急处置能力目标时，主要依据是海上可能发生的溢油事故规模。根据历史事故分析可知，案例水域已发生的溢油历史事故中 5% 的溢油事故规模超过 1 922 t，2% 的溢油事故规模超过 3 343 t，1% 的溢油事故规模超过 10 000 t。由情景泄漏量预测分析可以看出，10 000 t 事故则涵盖了除浮式储油装置、30 万 t 级远洋油轮和历史最大规模储罐漏油入海事故之外所有的最大规模事故。考虑案例水域海上应急处置能力现状和应急设备服务范围，提出应对事故规模的高目标设定为 10 000 t。

（2）低目标

考虑《国家重大海上溢油应急处置预案》中对重大海上溢油应急事故的界定，事故规模超过 1 000 t 的溢油事故为重大海上溢油事故，因此各水域最低目标设定为 1 000 t，即距岸 50 n mile 任一水域应急处置能力达到 1 000 t。

9.1.2.2　约束条件分析

统筹协调：现有溢油清除装备物资应被充分利用。

全面覆盖：沿海 50 n mile 内水域全面覆盖。

重点加强：高风险水域优先布局，多重覆盖，兼顾其他水域；主要港口和国家石油战略储备库均应布局。

快速响应：6 h 内，海上溢油清除力量可到达任一事故水域。重点水域在 160 n mile 内可得到溢油应急设备库支持。

9.1.2.3　目标对设备库能力的要求

根据布局目标和设备库的应急半径，要求距岸 50 n mile 内任一水域在 350 n mile 范围内可调用的综合应急能力不小于 1 000 t，距岸 50 n mile 内高风险水域在 350 n mile 范围内可调用的综合应急能力不小于 10 000 t。具体计算方法如下：

根据应急响应时间为 6 h 内快速响应的原则，溢油应急设备装卸时间为 1 h，则设备运输时间为 5 h，航程约 50 n mile（船速按 10 kn 航速计算），即要求距岸 50 n mile 内任一水域在 350 n mile 范围内可调用的综合应急能力不小于 1 000 t。

假设 M 为沿海某一高风险水域，设备库 1 与该水域的距离在 50 n mile 内（区域 A 内），设备库 2 与该水域的距离在 350 n mile 内（区域 B 内），设备库 3 与该水域的距离在 350 n mile 外（区域 C 内）（如图 9-3 所示）。则对高风险水域 M，要求设备库 1 的应急能力不小于 1 000 t，要求设备库 1 和设备库 2 的综合应急能力不小于 10 000 t，对设备库 3 的综合应急能力无要求。

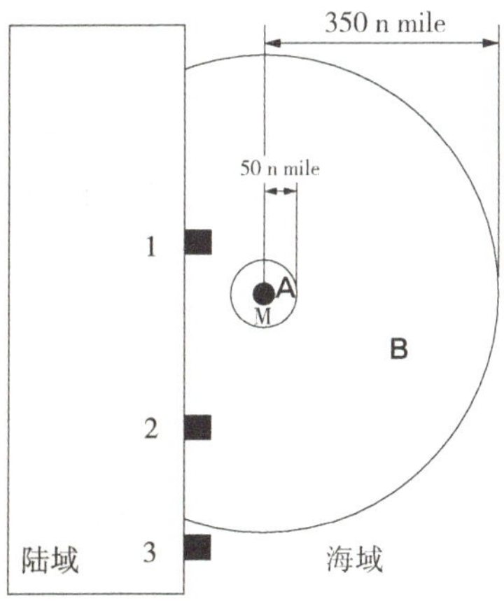

图 9-3　水域M对周边设备库应急能力的需求计算示意

假设M为沿海一般风险水域，则要求设备库 1 的应急能力不小于 1 000 t，要求设备库 1 和设备库 2 的综合应急能力不小于 1 000 t，对设备库 3 的综合应急能力无要求。

9.1.3 分析结果

针对模型要求，建立多目标应急设备库优化选址模型，求解最优解，结果如表 9-1 所示。未来应在地区 1、地区 3 和地区 5 各新建 500 t 溢油应急设备库。

表 9-1 某省份海上溢油应急能力建设方案 单位：t

地区	现有能力	规划能力	新建能力
地区 1	—	500	500
地区 2	2 900	2 900	—
地区 3	1 600	2 100	500
地区 4	—	—	—
地区 5	—	500	500
地区 6	200	200	—

9.2 案例十：内河水域溢油应急能力规划

9.2.1 区域概况

选取我国某个省份的内河水域作为案例进行展示。案例流域全长 1 061 km，涉及 12 个沿江城市，共有港口 24 个，码头泊位众多，船舶流量较大，是溢油高风险水域。

9.2.2 模型设计过程

内河水域溢油应急能力布局模型的设计思路和沿海类似，根据内河水域需求，主要在以下两个方面有所不同。

第一是目标。根据相关航运发展规划，案例水域未来主力船型为 1 万 t 级，根据各种主力船型单舱（溢油事故中绝大多数为单舱漏油）燃油量统计分析，对应溢油事故造成的可能泄漏燃油量 400 t。因此，规划到 2030 年，案例水域溢油应急能力目标为 400 t。此外，考虑到内河水域流速较快，水流方向单一，因此与沿海相比，溢油应急响应时间要求更高。经测算，内河溢油应急到达时间应不超过 4 h（含 1 h 准备时间）。

第二是设备库有效应急能力计算公式。根据内河溢油应急到达时间不超过 4 h（1 h 准备时间）的目标，溢油应急设备库有效应急半径为 75 km（内河船速按 25 km/h 计）。对距离设备库 75 km 之内水域，综合能力按该设备库完整能力计入；对距离设备库 75～175 km 的水域，由于 8 h 溢油漂移距离是 4 h 溢油漂移距离的 2 倍，其综合溢油应急能力按该设备库的 50% 能力计入；对距离设备库 175～375 km 的水域，由于 16 h 溢油漂移距离是 4 h 溢油漂移距离的 4 倍，其综合溢油应急能力按该设备库的 25% 能力计入；超出 375 km 的水域，其综合溢油应急能力不再计入该设备库能力。

9.2.3　分析结果

针对模型要求，建立多目标应急设备库优化选址模型，求解最优解，结果如表 9-2 所示。未来应在不同地区建设不同规模等级的船舶溢油应急设备库。

表 9-2　案例水域内河船舶溢油应急装备布局方案

规划水域	新建中型库 / 个	新建小型库 / 个	新建小型库 / 个	新建小型库 / 个	规划综合能力 /t
	500 t	200 t	100 t	50 t	
地区 1	—	1	—	—	300
地区 2	—	1	—	—	150
地区 3	—	—	1	—	150
地区 4	—	1	—	—	250
地区 5	—	—	—	1	200

第 10 章 溢油应急能力规划多目标决策平台

溢油事故的发生会对社会经济和水域生态环境造成严重威胁。为有效防范溢油事故发生、降低溢油事故可能造成的危害，需要制定科学有效的风险防范措施和应急能力规划方案，为行业主管部门决策提供技术支持。风险防范措施和应急能力规划方案的制定不能仅依靠人的经验或其主观判断，更需要专业模型为应急决策提供技术支撑。

随着科技的快速发展，尤其是大数据技术和网络地理信息系统技术（WebGIS）等的迅速发展为行业开展更贴合实际、更加高效和智能的溢油应急管理系统的研发应用提供了支撑。越来越多的机构和研究人员投入到溢油应急信息管理的研究与实践中，希望通过建立溢油应急信息化决策平台，进一步提高溢油风险防控和应急能力规划的针对性和科学性，最大限度地保护水域生态环境。

根据第 3 章提出的基于空间单元的溢油风险分析和第 8 章提出的基于空间布局的溢油应急能力规划方法，本书编著团队利用地理信息系统技术、可视化技术、网络云数据库技术等，开发和构建了基于 WebGIS 的溢油应急能力规划多目标决策平台。平台部署方便、操作便捷、界面友好、稳定性强、功能完善、运维成本低，具有基础数据图层管理、溢油风险分析、应急能力评估、应急能力规划布局方案生成等功能；实现了在互联网环境下的溢油风险分析和应急能力规划布局以及信息的高效共享，致力于为政府、社会和公众提供需要的服务产品，提升了水上减灾公共服务和水平，既满足了行业主管部门有效开展防灾减灾和应对溢油突发事件等工作的要求，也有利于行业主管部门更好地加强区域风险监管，有针对性地开展区域应急能力建设。

10.1　溢油应急信息系统研究进展

自 20 世纪 80 年代开始，国外基于信息化技术、地理信息系统技术、溢油漂移扩散技术等，研发了英国 OSIS、美国 OILMAP 和 SIMAP、挪威 OSCA、葡萄牙 MOHID、日本 MEGIS、澳大利亚 OSRA 等溢油预测与应急决策支持系统，这些系统具备风险分析和应急计划制订等功能，提升了当地溢油应急管理的信息化水平。

国内交通行业、海洋系统等行业内机构和研究人员也开展了溢油应急信息化管理研究工作，如交通运输部规划研究院的三峡坝区船舶污染防治工程决策支持系统、国家海洋信息中心的中国海洋溢油一体化多节点协同预测预警系统（如图 10-1 所示）、中海石油环保服务有限公司的中国近海海上溢油预测与应急决策支持系统、大连海事大学的海上溢油应急预报信息系统、国家海洋环境预报中心的渤海溢油应急预报系统、深圳海事局的珠江口溢油漂移与清污对策快速模拟技术、交通运输部水运科学研究所的基于三维 GIS 的海上溢油应急决策支持与调度指挥平台、中国舟山港的溢油模拟信息系统、深圳的溢油应急专家系统等。

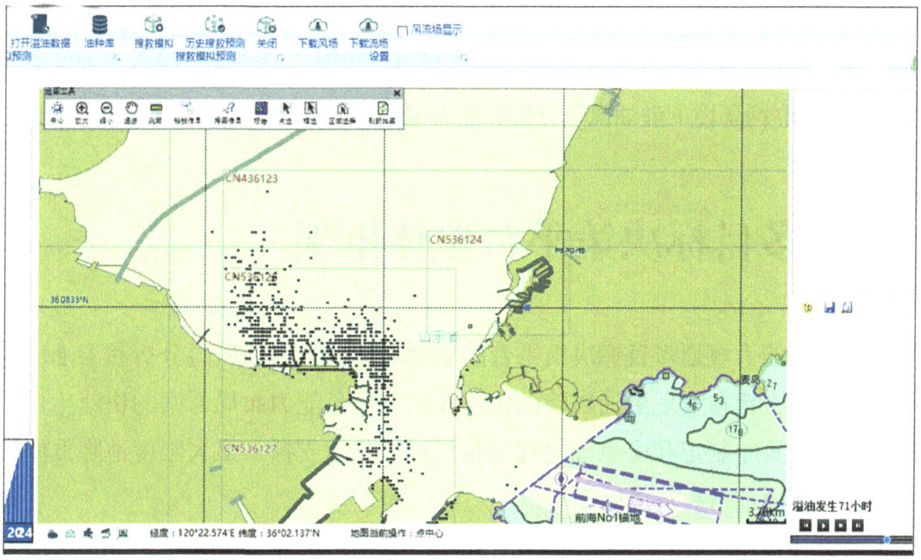

图 10-1　中国海洋溢油一体化多节点协同预测预警系统展示界面

国内外溢油应急信息化系统的总体架构较为相似，均实现了海流、溢油预报等模块化集成和系统的可视化，基本具备溢油风险分析、溢油应急资源调度、专家咨询、决策辅助分析等功能，可为溢油应急处置提供辅助决策支持。其区别主要体现在海域针对性和附加功能上，对 OILMAP、SIMAP 这样的商业系统，或者 GNOME 这样的开源系统而言，只要能够提供相应的基础地理信息，在任何海域均可以进行溢油应急预测预警。但对 OSIS、BOOM、MOHID 这样的非商业和非开源系统而言，几乎只用于针对其所属国家近海海域的溢油预测预警任务；我国的渤海溢油应急预报系统、中国海洋溢油一体化多节点协同预测预警系统以及中国近海海上溢油预测与应急决策支持系统也具有特定的针对性。在附加功能上，除了能够进行溢油预测预警，有些系统还增加了有关溢油环境敏感区域预警功能，例如中国海洋溢油一体化多节点协同预测预警系统。还有一些系统可依据应急计划和应急反应专家的知识和经验，根据溢油预测结果，形成应急反应决策辅助方案，例如 OSIS、中国近海海上溢油预测与应急决策支持系统等。

通过综合分析可以发现，上述溢油应急信息化管理平台仍然存在以下几个问题：①研究重点多集中于溢油监测预警、溢油漂移预报模型以及溢油应急资源调度和辅助决策支持功能等，对区域溢油应急能力规划布局方案的制定关注较少；②目前的溢油应急信息化管理系统多集成了 GIS 功能，但对 GIS 核心的空间分析功能的应用较少，因此缺少对区域溢油风险时空特征的分析；③我国开展应用的溢油应急信息化平台多是基于 GIS 桌面版进行开发的，存在跨平台应用及信息交流共享困难的问题。

目前，我国海事系统的大量日常工作已利用大数据、云计算、网络地理信息系统等技术实现互联网环境下溢油风险分析和能力规划布局的信息化，积累了丰富的经验。

10.2 多目标决策平台总体框架

溢油应急能力规划多目标决策平台的主要功能包括溢油风险分析和溢油应急能力规划等。平台旨在实现溢油风险的快速评估和应急能力布局方案的快速生成，为溢油风险管控策略制定和应急能力规划布局提供技术支撑，最大限度地降低溢油事故风险、减轻溢油事故造成的损害。

平台总体框架以 WebGIS 架构为基础，结合溢油风险分析模块和溢油应急能力规划模块等建成，平台采用 B/S 三层架构，可划分为基础设施层、数据资源层、支撑层、应用层、运行环境等内容（如图 10-2 所示）。

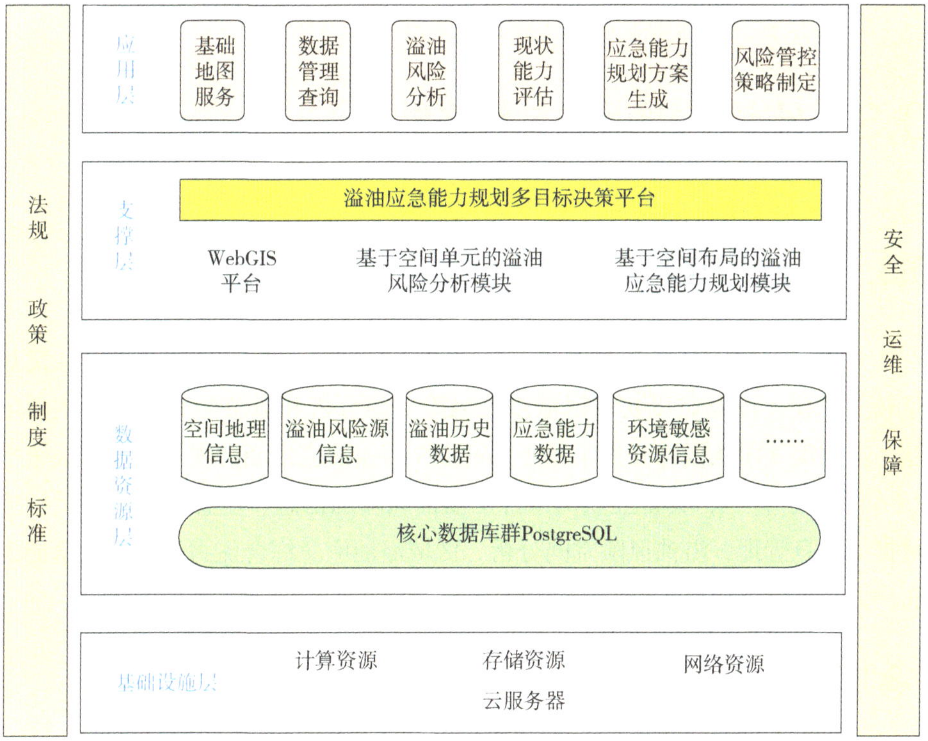

图 10-2　溢油应急能力规划多目标决策平台总体框架

（1）数据资源层

数据资源层是溢油应急能力规划多目标决策平台的数据源；从数据采集的内容看，主要包括空间地理信息数据、船舶等溢油风险源数据、溢油历史事故数据、应急资源数据、环境敏感资源数据、风场及海图数据等。

（2）支撑层

支撑层是溢油应急能力规划多目标决策平台的主要构成模块，包括 WebGIS 平台、基于空间单元的溢油风险分析模块和基于空间布局的溢油应急能力规划模块。

（3）应用层

应用层主要是溢油应急能力规划多目标决策平台具备的功能、可为用户提供的具体服务，包括基础地图服务、数据管理查询、溢油风险分析、现状能力评估、应急能力规划方案生成、风险管控策略制定等功能。

（4）基础设施层

溢油应急能力规划多目标决策平台布设于云服务器，实现基础设施资源的集约共享，统一提供能够支持多部门、多层级、跨区域的海量数据处理和业务应用的基础设施。

10.3 建设内容和技术路线

10.3.1 建设内容

针对现有溢油应急信息化管理平台多基于 GIS 桌面版进行开发，信息交互和共享较为不便，以及难以实现区域溢油风险空间分析和应急能力规划方案制定等问题，本书编著团队设计开发了基于 WebGIS 的溢油应急能力规划多目标决策平台（以下简称“平台”），具备互联网条件下溢油风险源信息、应急资源、环境敏感资源数据等信息管理，溢油风险空间分析，区域溢油应急综合能力评估，应急能力规划布局方案生成等功能。主要建设内容包括：

10.3.1.1 数据库建设

平台开发选用 PostgreSQL 数据库来存放空间数据和属性数据。PostgreSQL 数据库是关系型数据库，具有功能丰富、逻辑性强、交互性好等特点。平台功能的实现需要调用大量的空间数据和属性数据，不同的数据格式采用不同的存储方式进行存储，空间数据（如海图数据、地理基础数据图、敏感资源图等）需要通过在 PostgreSQL 基础上扩展 PostGIS 进行存储，而属性数据（如溢油风险源信息、溢油历史事故数据、用户信息、应急资源信息等）的存储则采用非扩展的 PostgreSQL。

根据平台重点解决区域溢油风险时空分布特征和溢油应急能力规划方案的功能目标，本小节提出满足应用需求的数据资源内容，具体包括：船舶 AIS 数据，陆上储罐、石油平台和海底管线等溢油风险源信息，溢油历史事故数据等溢油风险分析基础数据；国家溢油应急设备库、企业清污设备、社会清污单位等溢油应急资源数据；海洋保护区、国家级自然保护区、省市级自然保护区、国家级水产种质资源保护区、重要渔场、鱼类“三场”、鱼虾类洄游通道等环境敏感目标及海滨浴场、旅游度假区等社会敏感目标在内的敏感资源数据；电子海图数据、风场数据、我国分支海事局辖区边界等其他数据。

10.3.1.2 WebGIS 平台建设

使用 GeoServer、OpenLayers 和 PostgreSQL 等关键技术搭建多目标决策平台所需的 WebGIS 平台。GeoServer 空间服务器是在 J2EE 平台架构下实现的一个完整系统，符合开源地理信息网络服务器规范，可以帮助用户便捷地发布地图数据，并对这些数据进行管理，允许用户对所发布的地图数据进行查询、修改、增加和删除等操作。平台前台客户端采用 OpenLayers，作为符合 OGC 标准的 JavaScript 类开源库，可用于实现交互式的网络 GIS 程序。PostgreSQL 是关系型数据库管理系统，能够对空间属性数据实现良好支持。系统前台开发使用 JavaScript、html、Ajax、JSON、OpenLayers、JQuery 等技术，后台算法采用 Python 语言实现。

10.3.1.3 溢油风险分析模块

溢油风险分析是开展溢油风险管控、溢油应急能力规划方案生成的重要前提。平台构建基于空间单元的溢油风险分析模块，实现溢油风险时空变化规律在电子海图上的动态展示，为溢油风险管控和溢油应急能力规划提供重要支撑。

10.3.1.4 溢油应急能力规划模块

构建溢油应急能力规划模块，对方案制定过程中涉及的关键技术（如 WebGIS、溢油风险分析模块、区域溢油应急综合能力计算模块、溢油风险与应急能力匹配模块、溢油应急能力规划模块和 GIS 显示技术等）进行集成开发。针对水上溢油应急能力实际建设需求，制定溢油应急能力规划布局方案。

10.3.2 技术路线

溢油应急能力规划多目标决策平台拟采用的技术路线如图 10-3 所示。WebGIS 技术将相关信息技术及溢油应急专业模块有机结合在一起，是实现溢油风险空间分析和溢油应急能力规划方案生成的平台。WebGIS 构建采用 B/S 三层架构模式，以 GeoServer、OpenLayers 和 PostgreSQL 等开源技术作为技术支撑，是实现溢油应急专业模块信息交互和共享的平台。基于空间单元的溢油风险分析模块和基于空间布局的溢油应急能力规划模块是生成应急能力规划布局方案的关键决策模块，溢油风险分析实现了溢油风险在空间水域上的定量化分析，溢油应急能力规划融合了最优化和 GIS 技术。根据溢油应急空间布局解决方案生成框架对系统进行了架构设计，包括系统数据库设计、系统功能设计和系统结构设计。以系统架构设计作为准则，开发了基于 WebGIS 的溢油应急能力规划多目标决策平台，最终得到溢油应急能力规划布局方案。

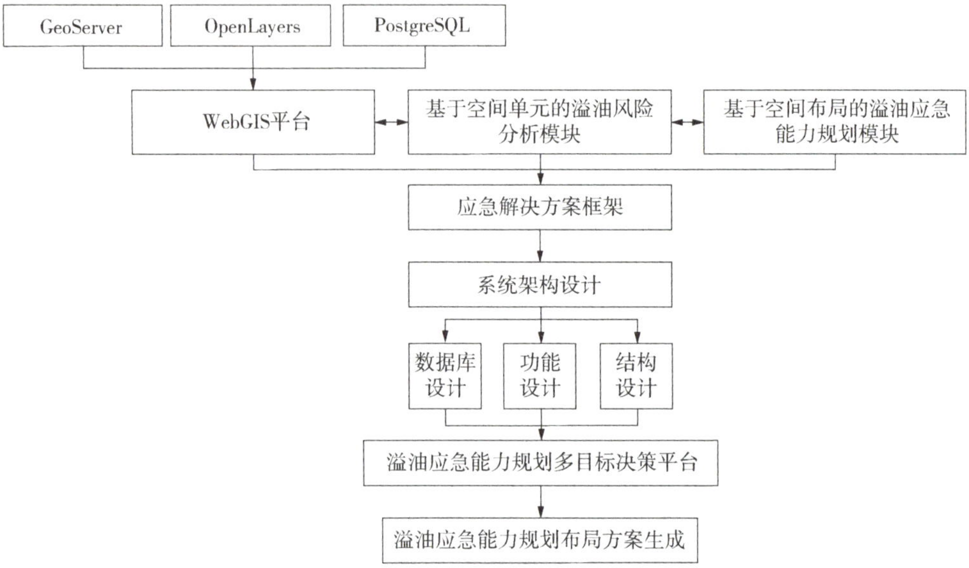

图 10-3　技术路线

平台开发采用的技术路线具有如下特点。

①支持跨平台：系统采用了 WebGIS 技术作为平台，无须安装任何专业软件，通过互联网就可参与到溢油应急空间布局解决方案的制定中；开发的系统客户端采用的是 OpenLayers 技术，对不同的操作系统都具有良好的支持，并且支持跨设备，提升了易用性和使用范围。

② GIS 显示技术：利用 GIS 显示技术将溢油应急信息直观地呈现给溢油应急专业人员，如溢油应急基础数据展示、环境敏感资源和风场数据显示、溢油风险的空间分布、应急能力的优化布局方案以及海图的显示等，极大地提高了交互性，为溢油应急提供了重要支持。

③区域溢油风险空间分析：在溢油风险分析模块的支持下，实现区域整体溢油风险水平及时空分布特征的可视化展示，明确溢油高风险水域，在溢油风险管控策略制定和应急能力规划布局方案生成中具有重要作用。

④溢油应急能力空间规划：基于风险空间分析成果、现状溢油应急综合能力空间分布以及溢油应急能力规划模块，生成区域溢油应急能力规划布局方案。

10.4　系统功能设计与实现

10.4.1　总体设计

根据溢油应急风险管控和应急能力规划布局实际需求，对多目标决策平台的功能进行了详细设计，将平台需要实现的功能进行了分类，共分为以下功能：地图操作、数据管理、溢油风险分析、现状溢油应急能力计算、溢油应急能力规划、用户管理等（如图 10-4 所示）。

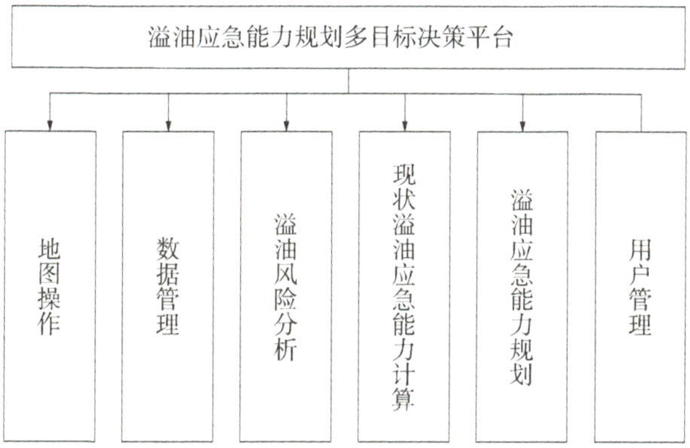

图 10-4　多目标决策平台功能设计

10.4.2　地图操作

具备漫游、缩放、图元点选取、距离测量、面积测量、鹰眼图、比例尺显示和图例显示等通用的地图操作功能，以及各分辨率底图的自动切换显示。可根据需要，方便地进行不同专题图层的配置；支持动态图层的生成，并可根据设置条件动态生成各种专题地图。具备交互式绘图功能，如添加标注和绘制线条、空间范围等。地图操作功能示意如图 10-5 所示。

10.4.3　数据管理

平台具备基础数据管理、数据图层管理、数据导入导出、时间动态展示等功能。可根据需要，对导入数据库的数据进行查询、更新、删除等操作。平台可以实现系统基础数据图层管理，具备图层可视、透明度调整、标注、渲染、属性表查看、弹出查询属性框等功能。管理图层主要包括环境敏感资源、各分支海事局辖区边界、应急能力基础数据、溢油历史事故数据、风场数据图层等。平台支持 Excel、shp 文件导入以及 pdf、bmp、gif、jpg 等多种文件格式输出，并支持溢油风险与现状应急能力、风场数据等的叠加展示，风险分析结果可以在时间上动态展示。环境敏感资源数据图层管理如图 10-6 所示。

图 10-5　地图操作功能示意

图 10-6　环境敏感资源数据图层管理

10.4.4　溢油风险分析

溢油风险分析是多目标决策平台的核心功能之一。其主要功能是对区域溢油风险进行空间分析，获得整合环境敏感资源分布特征的高时空分辨率的定量化溢油风险，明确溢油风险时空分布特征和高风险水域，为开展溢油风险管控提供支撑。具体功能包括风险空间单元生成、风险源数据信息导入与修改、风险源数据入库、各风险指标计算、分支海事局风险情况统计分析等。溢油风险分析示意如图 10-7 所示。

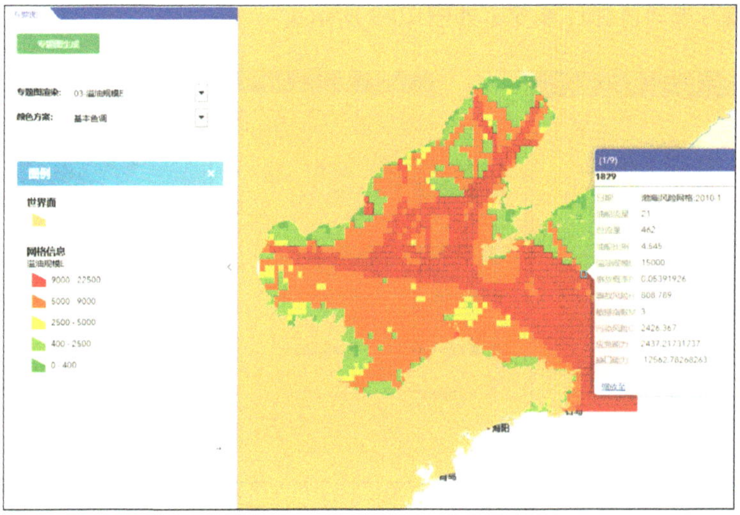

图 10-7　溢油风险分析示意

“风险计算”功能可对导入的溢油风险源信息进行各类风险指标参数的计算（如图 10-8 所示）。计算完成后点击空间单元即可查看详细风险指标参数信息。具体包括空间单元上的油船流量、船舶总流量、油船占比（%）、溢油事故规模、溢油事故概率、溢油事故风险、环境敏感指数以及溢油污染风险等。

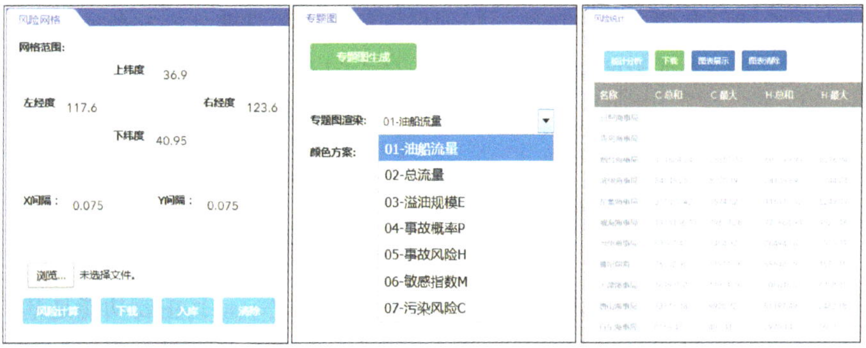

图 10-8　溢油风险分析功能

平台还具备污染风险统计分析功能，以分支海事局作为单元统计分析各分支海事局辖区溢油事故风险值和污染风险值。

10.4.5 现状溢油应急能力计算

现状溢油应急能力计算是多目标决策平台的核心功能之一，是开展应急能力规划的基础。其主要功能是应急资源数据导入、水程距离计算、应急能力空间分布计算、应急能力规划目标计算等（如图 10-9 所示）。

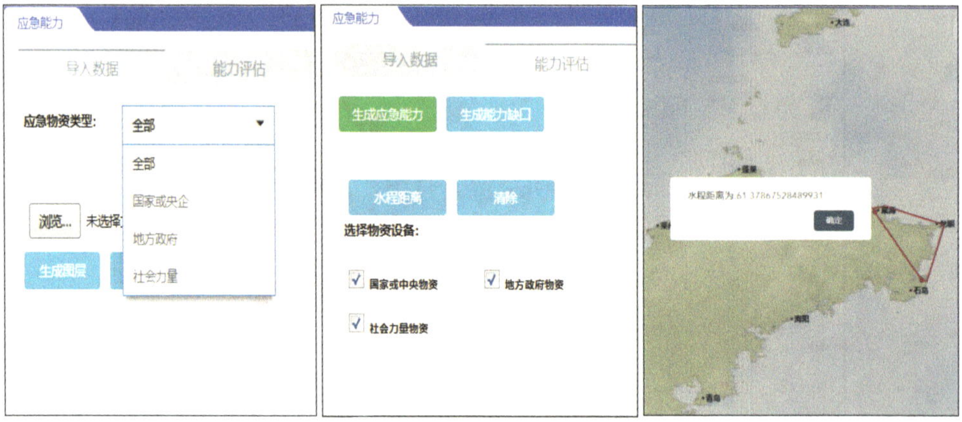

图 10-9 溢油应急能力计算功能

应急资源基础数据可按照国家或央企、地方政府和社会力量的类型分别导入，并在地图上展示其空间分布；水程距离计算主要是获得跨越陆地的最短水上应急距离，为溢油应急能力在空间上进行分布计算提供基础；应急能力空间分布计算是考虑溢油应急处置的区域性协同防控特征，基于应急距离的区域可统筹溢油应急综合能力计算模型，计算并展示现状溢油应急能力在空间上的分布情况，获得各空间单元上的有效溢油应急能力；应急能力规划目标计算主要是建立空间单元上定量溢油风险和有效溢油应急能力的对应关系，获得各空间单元上的应急能力规划目标（应急能力缺口）。

10.4.6 溢油应急能力规划

溢油应急能力规划是多目标决策平台的核心功能之一。其主要功能是基于空间单元溢油应急能力规划目标生成溢油应急能力空间布局最优方案。主要包括备选点导入、规划布局方案计算、结果查看等。

首先导入预先设定的应急能力布局可选点，点击“布局计算”，即可获得应急能力规划布局目标函数与应急设备库不同备选方案的函数关系，从而确定在溢油应急时间满意度最高、能力满意度最高和总建设费用最低条件下的应急能力规划最优方案。

10.4.7　用户管理

由于多目标决策平台涉及大量的数据并针对不同目的提供了多个功能模块，因此用户管理功能根据权限的不同分为管理员、用户和访问者三个层次：管理员拥有系统的一切权限，对用户和访问者进行权限分配、对数据进行审核等；用户具有溢油风险分析、现状应急能力计算、应急能力规划方案生成以及更新敏感区资源、提交数据资料等权限；访问者只有浏览的权限，不能进行其他操作。用户登录界面如图 10-10 所示。

图 10-10　用户登录界面

第 11 章

总结和展望

在溢油风险分析和现有溢油应急能力科学评估的基础上，开展溢油应急能力规划布局是对船舶污染风险精准施策的体现。本书编著团队曾开展过较多地区的溢油风险分析和溢油应急能力规划课题，提出的溢油风险分析方法、溢油应急能力评估技术和溢油应急能力规划方法等实现了风险评价从定性到定量的飞跃，实现了多种风险源全面系统考虑、风险与能力的时空匹配以及多目标决策能力布局等。

面向多风险源的时空高分辨率溢油风险定量分析技术，本书突破了传统溢油风险分析方法以单一风险源定性静态分析为主、时空分辨率不高的“瓶颈”，通过集成大数据分析、数理统计、地理信息空间分析、漂移预测模型等方法，对划分的每一个空间单元进行水域风险分布定量分析，精准描述了不同类型开发活动水平导致的污染风险在空间和时间上的累积和差异，实现了全国海域、海区、市区水域尺度上整合运输船舶、输油管线、储罐和石油平台等多类型溢油风险源和环境敏感资源分布的溢油风险定量化分析，对科学高效编制应急预案和开展应急能力建设具有重大指导意义。

基于层次分析的多要素应急能力系统评估方法涵盖了组织指挥能力、应急监视能力、综合保障能力等“软实力”和应急处置能力等“硬实力”统筹融合的溢油应急能力综合评估方法，提高了溢油应急能力综合评估的科学性。这一方法改变了以往由于片面强调水上应急处置能力，忽略岸线、陆上配套处置能力和监视监测能力、组织指挥能力等所导致的区域应急能力不全面、不配套的突出问题。

水上溢油应急能力与风险水平的时空匹配技术根据区域溢油应急工作的实际特点，设计了应急响应时间、溢油处置能力等关键指标的时空变化函数，创新性地建立了区域可统筹溢油应急能力时空分配计算模型，获得了基于地理单元的应急能力分布特征。解决了原有溢油应急能力核算无法考虑应急时效性及难以体现空间差异等问题，可有力推动区域应急能力的高效协同共享。在上述基础上，建立了空间单元上的定量溢油风险和有效溢油应急能力的对应关系，可计算每一空间单元的应急能力建设需求，实现了溢油风险和应急能力的精准匹配，提高了应急能力目标设定的科学性。

基于网络优化的多目标溢油应急能力布局模型，综合考虑应急时效、建设投资、服务空间、设备装备配置、跨区域调配等多方面要素，运用空间网络优化和数理统计理论，构建了以满足覆盖率的成本最小、应急时间最短以及单元应急能力最大为目标的溢油应急能力规划多目标决策模型。解决了以往溢油应急能力空间配置以经验和主观判断为主、缺乏科学方法支撑、布局方案难以实现全局最优的问题。模型计算可以科学确定近岸、近海与远海的溢油应急能力布局方案，为水域溢油应急能力的建设提供可靠依据。

下一步还将针对溢油风险的动态分级分析和精准施策管理开展深入研究。其中，可考虑将溢油风险分析技术与现有船舶动态系统、石油平台管理系统、管线和油库生产管理系统、电子海图和气象数据融合，结合不确定性分析，建立实时高风险水域动态监管评估平台。通过创新地理空间单元上溢油事故绝对概率计算方法，获得溢油风险绝对值，实现不同区域溢油风险水平分区分级差异化管理。对不同风险等级地区采取差异化的监管政策。对溢油高风险地区，可进一步提高监视频率、加强安全监管、加大对船员的宣传等。

目前的溢油应急能力评估是静态数据下的评估，下一步可以结合实时的溢油应急设备和装备的动态更新，通过溢油应急物资管理信息系统的建设自动计算、实时表征，并与溢油应急风险分析结果对应和匹配，掌握区域应急能力缺口。在此基础上，结合人工智能，开发船舶溢油风险预报平台以开展溢油风险预测；面向管理部门，为监管提供依据，通过实时发布高风险区域信息，提醒海事监管人员风险防控监管重点，由“被动应急”转变为“主动防控”；同时，也可面向航运公司和船长，使其在高风险区域航行时切实提高溢油风险事故的防控意识。

参考文献

艾云飞，2013. 我国水陆跨界应急物资储备库选址问题研究 [D]. 大连：大连海事大学 .

邴磊，2019. 基于遥感和 GIS 的海上溢油风险识别及区划研究 [D]. 北京：中国科学院大学 .

晨晓光，陈建安，2003. 关于我国石油战略储备运输与海域环境保护的思考 [J]. 北京交通管理干部学院学报，13(3): 8-13.

程东，殷佩海，蒋廷琥，2000. 溢油应急处理的优化决策［J］. 海洋环境科学，2009，19(1): 5.

程金香，徐洪磊，等，2014. 国家重大海上溢油应急能力建设规划研究报告 [R]. 北京：交通运输部规划研究院 .

楚道文，2012. 浅论海洋生态损害的法律问题——以蓬莱 19-3 油田溢油事故为分析案例 [J]. 政法论丛，(5): 109-116.

方晨，2011. 海上突发事故应急资源优化配置问题研究 [D]. 大连：大连海事大学 .

方磊，何建敏，2003. 应急系统优化选址的模型及其算法 [J]. 系统工程学报，18(1): 49-54.

方磊，何建敏，2004. 给定限期条件下的应急系统优化选址模型及算法 [J]. 管理工程学报，18(1): 48-51.

方磊，何建敏，2005. 城市应急系统优化选址决策模型和算法 [J]. 管理科学学报，8(1): 12-16.

耿晓辉，2011. 溢油事故威胁程度评价及应急反应决策 [D]. 大连：大连海事大学 .

顾恩慧，2013. 海上溢油行为与归宿的数值模拟 [D]. 杭州：浙江大学 .

胡二邦，2000. 环境风险评价实用技术和方法 [M]. 北京 : 中国环境科学出版社 .

交通运输部，2015. 中华人民共和国防治船舶污染内河水域环境管理规定 [Z]. 交通运输部令 2015 第 25 号 .

交通运输部，2009. 国家船舶溢油应急设备库设备配置管理规定 [Z].

寇苗，2011. 基于 GIS 的海上石油平台溢油应急管理信息系统的开发研究 [D]. 青岛：中国海洋大学 .

李冰绯，2003. 海上溢油的行为和归宿数学模型基本理论与建立方法的研究 [D]. 天津：天津大学 .
李湖生，2016. 应急准备体系规划建设理论与方法 [M]. 北京：科学出版社 .
李京，张远强，2015. 浙江省海上溢油应急设备库软实力建设研究 [J]. 浙江国际海运职业技术学院党报，(3): 20-25.
李京梅，侯怀洲，姚海燕，等，2014. 基于资源等价分析法的海洋溢油生物资源损害评估 [J]. 生态学报，34(13): 3762-3770.
李松，张远强，2015. 浙江省海上溢油应急设备库软实力建设研究 [J]. 浙江国际海运职业技术学院学报，(3): 20-25.
刘保占，魏文普，段梦兰，等，2015. 海上钻井平台溢油风险评价和风险管理 [J]. 环境工程，33(S1): 656-660.
刘俊稚，王陆军，葛亚明，等，2017. 基于层次分析的库区溢油风险模糊综合评估 [J]. 中国航海，2017, 40(3): 113-117.
陆梦，2007. 海上溢油应急选址与应急物资调运研究 [D]. 上海：上海海事大学 .
陆梦，吴罡，2010. 海上溢油应急时间满意度的应急选址模型研究 [J]. 中国航海，33(2): 79-94.
秦志高，2006. 船舶油污对海洋经济的影响 [J]. 南通航运职业技术学院学报，5(3): 24-26.
生态环境部，2019. 建设项目环境风险评价技术导则：HJ 169—2018[S]. 北京：中国环境出版集团 .
宋蓉，2019. 油田场地土壤环境质量与污染风险评估研究 [D]. 西安：长安大学 .
孙清，陆秀君，梁成华，2002. 土壤的石油污染研究进展 [J]. 沈阳农业大学学报，33(5): 390-393.
孙颖，池宏，贾传亮，2006. 路政应急管理中资源布局的混合整数规划模型 [J]. 运筹与管理，15(5): 108-111.
汪守东，2008. 基于 Lagrange 追踪的海上溢油预报模型研究 [D]. 大连：大连理工大学 .
汪守东，沈永明，2006. 海底管线溢油数学模型研究 [J]. 大连理工大学学报，46(Z1)：191-197.
王晶，2011. 海上船舶溢油事故应急物资调度问题研究 [D]. 大连：大连海事大学 .
王晓华，王彦昌，顾益民，2011. 海上 / 岸边储运设施溢油环境风险应急分析 [J]. 油气田环境保护，21(1): 3-7.
王志霞，刘敏燕，2008. 溢油对海洋生态系统的损害研究进展 [J]. 水道港口，29(5):

367-371.

肖景坤，2001. 船舶溢油风险评价模式与应用研究 [D]. 大连：大连海事大学 .

徐洪磊，2000. 海上溢油动态数值模拟的研究 [D]. 大连：大连海事大学 .

徐晓光，2003. 内河河段溢油应急反应战略战术规划研究 [D]. 大连：大连海事大学 .

叶龙，2006. 基于 GIS 的海上船舶溢油应急资源调运系统的开发研究 [D]. 上海：上海海事大学 .

殷代君，2007. 广义最大覆盖模型在应急设施选址中的应用研究 [D]. 济南：山东大学 .

余建星，李建辉，黄国平，等，1998. 基于模糊综合评判的输油管道系统安全风险评估方法 [J]. 中国海上油气，10(2): 13-19.

张春昌，2019. 区域船舶溢油污染风险与应急能力评估关键技术研究 [D]. 大连：大连海事大学 .

张存智，窦振兴，韩康，等，1997. 三维溢油动态预报模式 [J]. 海洋环境科学，16(1): 22-29.

张立奎，黄承义，李建伟，等，2015. 渤海湾海底输油管道溢油风险评估分析 [J]. 海洋开发与管理，2015, 32(8): 96-100.

张舒，2011. 海上溢油事故风险概率实用计算方法的研究 [D]. 大连：大连海事大学 .

赵文芳，2006. 海上石油设施最大溢油释放量估算方法 [J]. 安全、健康和环境，(12): 21-23.

中华人民共和国国家质量监督检验检疫总局，中国国家标准化管理委员会，2017. 围油栏：GB/T 34621—2017[S]. 北京 .

中华人民共和国海事局，2003.《IMO 油污手册　第Ⅳ部分—抗御油污》2003 年版 [R].

中华人民共和国交通运输部 . 船舶溢油应急能力评估导则：JT/T 877—2013 [S]. 北京：人民交通出版社 .

中华人民共和国交通运输部 . 交通运输部关于修订《中华人民共和国船舶污染海洋环境应急防备和应急处置管理规定》的决定 [EB/OL]. (2019-11-28) [2020-09-16]. http: //www.gov.cn/gongbao/content/2020/content_5496772.htm.

中华人民共和国交通运输部 . 水上溢油环境风险评估技术导则：JT/T 1143—2017[S]. 北京 .

朱谦，2011. 理性对待海洋环境污染事件中的信息通报义务——从蓬莱 19-3 油田溢油事件说起 [J]. 法学，(9): 13-19.

竺诗忍，张继萍，1997. 舟山海域突发性溢油环境风险评价 [J]. 海洋环境科学，(1): 57-63.

Alfred W, 1909. Über den Standort der Industrie (Theory of the Location of Industries). Mohr-Tubingen.

Alonso-Alvarez C, Munilla I, López-Alonso M, et al., 2007. Sublethal toxicity of the Prestige oil spill on yellow-legged gulls[J]. Environment International, 33(6): 773-781.

Anderson C M, Labelle R P, 1990. Estimated occurrence rates for analysis of accidental oil spills on the U.S. Outer Continental Shelf[J]. Oil & Chemical Pollution, 6: 21-35.

Anderson C M, Labelle R P, 1994. Comparative occurrence rates for offshore oil spills[J]. Spill Science & Technology Bulletin, 1(2): 131-141.

Anderson C M, Labelle R P, 2000. Update of comparative occurrence rates for offshore oil spills[J]. Science & Technology Bulletin, 6(5/6): 303-321.

Anderson C M, Labelle R P, 2000. Update of comparative occurrence rates for offshore oil Spills[J]. spill Science & Technology Bulletin, 6(5-6): 303-321.

Berman O, 1994. The p maximal cover-p partial center problem on networks[J]. European Journal of Operation Research, 72(2): 432-442.

Berman O, Krass D, 2002. The generalized maximal covering location problem[J]. Computers & Operations Research, 29: 563-581.

Berman O, Krass D, Drezner Z, 2003. The gradual covering decay location problem on a network[J]. European Journal of Operational Reseach, 151(3): 474-480.

Blokker P C, 1964. Spreading and evaporation of petroleum products on water[C]// Proceeding of the Fourth International Harbour Conference. Antwerp: 911-919.

Bommelé, 1985. A simple computer model for the behavior of an oil spill at sea[R]. Rijkswaterstaat, North Sea Directorate, Report No.4.

Buchanan I, 1987. Methods for predicting the physical changes in oil spill at sea[R]. Warren Spring Laboratory, Report LR 609(OP) M.

Church R L, Meadows M E, 1979. Location modeling utilizing maximum service distance criteria[J]. Geographical Analysis, 11(4): 358-373.

Church R, ReVelle C, 1974. The maximal covering location problem[J]. Papers of the Regional Science Association, 32: 101-118.

Cohen Y, Mackay D, Shiu W Y, 1980. Mass transfer rates between oil slicks and water[J].

The Canadian Journal of Chemical Engineering, 58(5): 569-574.

Crichton D, 1999. The risk triangle[M].//Ingleton J. Natural Disaster Management. London, Tudor Rose.

Deborah F, 2004. Oil spill impact modeling: development and validation[J]. Environmental Toxicology and Chemistry, 23(10): 2441-2456.

Devanney J W, Stewart R J, 1974. A Bayesian approach to oil spill statistics[R]. Oil Spills.

Eschenbach T G, Harper W V, Anderson C M, 2010. Estimating oil spill occurrence rates: A case study for Outer Continental Shelf Areas of Gulf of Mexico[J]. Journal of Environmental Statistics, 1(1): 1-19.

Fannelop T K, Horschberg S, Kuffer J, 1991. Surface current and recirculating cells generated by bubble curtains and jets[J]. Journal of Fluid Mechanics, 229: 629-657.

Fannelop T K, Sjoen K, 1980. Hydrodynamics of underwater blowouts[C]. Pasadena: AIAA 8th Aerospace Sciences Meeting: 219.

Fay J A, 1969. The spread of oil slicks on a calm sea [C]//Hoult D P. Oil on the sea. Boston Springer: 53-63.

Guillen G, Rainey G, Morin M, 2004. A simple rapid approach using coupled multivariate statistical methods, GIS and trajectory models to delineate areas of common oil spill risk[J]. Journal of Marine Systems, 45: 221-235.

Hakimi S L, 1964. Optimum locations of switching centers and the absolute centers and medians of a graph[J]. Operations Research, 12(3): 450-459.

Hakimi S L, 1965. Optimum distribution of switching centers in a communication network and some related graph theoretic problems[J]. Operations Research, 13: 462-475.

Hochbaum D S, Pathria A, 1998. Analysis of the greedy approach in the problems of maximum k-coverage[J]. Naval Research Logistics, 45(6): 615-627.

Huang J C, Monastero F C, 1982. Review of the state-of-the-art of oil spill simulation models. Final Report Submitted to the American Petroleum Institute[R].

Karasakal O, Karasakal E K, 2004. A maximal covering location model in the presence of partial coverage[J] .Computers & Operations Research, 31(9): 1515-1526.

Kingston P F, 2002. Long-term environmental impact of oil spills[J]. Spill Science & Technology Bulletin, 7(1-2): 53-61.

Kolen A, Tamir A, 1990. Covering problems1[M]// Mirchandani P, Francis R L. Discrete location theory. New York: Wiley: 263-304.

Mackay D, Matsugu R, 1973. Evaporation rate of liquid hydrocarbon spills on land and water[J]. Canadian Journal of Chemical Engineering, 51(8): 434-439.

Marianov V, ReVelle C, 1995. Sitting emergency services[M]// Drezner Z. Facility location. Berlin: Springer: 199-223.

McCay D F, Beegle-Krause C J, Rowe J, et al., 2009. Oil spill risk assessment-relative impact indices by oil type and location[C]//Proceedings of the 32nd AMOP Technical Seminar on Environmental Contamination and Response, Emergencies Science Division, Environment Canada. Ottawa: 655-681.

McDougall T J,1978. Bubble plumes in stratified environments[J]. Journal of Fluid Mechanics, 85: 655-672.

Milgram J H, 1983. Mean flow in round bubble plumes[J]. Journal of Fluid Mechanics, 133: 345-376.

Muhlbauer W K, 1992. Pipeline Risk Management Manual[M]. 1st ed. Houston: Gulf Publishing Company.

Price J M, Johnson W R, Marshall C F, et al., 2003. Overview of the oil spill risk analysis (OSRA) model for environmental impact assessment[J]. Spill Science &Technology Bulletin, 8(5-6): 529-533.

Psaraftis H N, Tharakan G G, Ceder A, 1986. Optimal response to oil spills: the strategic decision case[J].Operations Research, 34(2): 190-330.

Rainer Engelhardt F, 1983. Petroleum effects on marine mammals[J]. Aquatic Toxicology, 4(3): 199-217.

Robert H S, 1983. Probability of an oil spill on the St.Marys River[J]//Proceeding of the 1983 Oil Spill Conference. San Antonio.

Sebastião P, Guedes S C, 1995. Modeling the fate of oil spill at sea[J]. Spill Science and Technology Bulletin, 2(2/3): 121-131.

Sebastião P, Soares C G, 2007. Uncertainty in predictions of oil spill trajectories in open sea[J]. Ocean Engineering, 34: 576-584.

Shen H T, Yapa P D, 1988. Oil slick transport in rivers[J]. Journal of Hydraulic Engineering, 114(5): 529-543.

Toregas C, ReVelle C, 1972. Optimal location under time or distance constraints[J]. Papers of the Regional Science Association, 28: 131-143.

United States Coast Guard, 2011. BP Deepwater Horizon oil spill incident specific preparedness review final report[R]. Washington DC: United States Coast Guard.

Veritas D N, 2011. Report for Australian Maritime Safety Authority: Enuironmental Emergencies[R]. Australia: Australian Maritime Safety Authority: 5-6.

Wilhelm W E, Srinivasa A V, 1997. Prescribing tactical response for oil spill clean up operations[J]. Management Science, 43(3): 386-402.

Xu H L, Chen J N, Wang S D, et al., 2012. Oil spill forecast model based on uncertainty analysis: A case study of Dalian oil spill[J]. Ocean Engineering, 54: 206-212.

Yapa P D, Shen H T, Angammana K S, 1994. Modeling oil spills in a river-lake system[J]. Journal of Marine Systems, 4(6): 453-471.

Yapa P D, Zheng L, 1997. Simulation of oil spills from underwater accidents I: model development[J]. Journal of Hydraulic Research, 35(5): 673-687.

Zhang B, Zhang C Z, Ozer J, 1991. SURF—A simulation model for the behavior of oil slicks at sea[C]//Ozer J. Oil Pollution: Environmental Risk Assessment (OPERA). Proceedings of the OPERA Workshop. Dalian: 61-85.

Zheng L, Yapa P D, 1998. Simulation of oil spills from underwater accidents II: model verification[J]. Journal of Hydraulic Research, 36(1): 117-134.